Humanbiologie für Lehramtsstudierende

Armin Baur

Humanbiologie für Lehramtsstudierende

Ein Arbeits- und Studienbuch

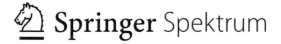 Springer Spektrum

Armin Baur
Fachbereich Biologie
Pädagogische Hochschule
Schwäbisch Gmünd, Deutschland

ISBN 978-3-662-45367-4   ISBN 978-3-662-45368-1 (eBook)
DOI 10.1007/978-3-662-45368-1

Die Deutsche Nationalbibliothek verzeichnet diese Publikation in der Deutschen Nationalbibliografie;
detaillierte bibliografische Daten sind im Internet über http://dnb.d-nb.de abrufbar.

Springer Spektrum
© Springer-Verlag Berlin Heidelberg 2015

Planung und Lektorat: Kaja Rosenbaum, Bettina Saglio
Redaktion: Dr. Bärbel Häcker

Gedruckt auf säurefreiem und chlorfrei gebleichtem Papier.

Springer-Verlag GmbH Berlin Heidelberg ist Teil der Fachverlagsgruppe Springer Science+Business Media
www.springer.com

Zur Verwendung des Buchs

Dieses Buch ist für Lehramtsstudierende des Fachs Biologie geschrieben, was aber nicht bedeutet, dass es für andere Leser nicht hilfreich und geeignet wäre.

Innerhalb des Lehramtsstudiums Biologie ist die Humanbiologie ein sehr bedeutender Inhaltsbereich, da humanbiologische Themen in den Bildungsplänen aller Schularten stark verankert sind. Je nach der Ausrichtung des Studiengangs (Lehramt für Primarstufe, Sekundarstufe I oder Sekundarstufe II) sind die geforderten inhaltlichen Tiefen im Bereich „Humanbiologie", die für die spätere berufliche Tätigkeit notwendig sind, sehr unterschiedlich.

Damit Sie dieses Buch Ihrem Studiengang und Ihrer Interessenslage entsprechend einsetzen können, um sich in die Humanbiologie einzuarbeiten, ist es so aufgebaut, dass es für die Aneignung von drei unterschiedlichen inhaltlichen Tiefen (Überblickswissen, Grundwissen, vertieftes Wissen) verwendet werden kann. Sie können also ganz nach Ihren individuellen Ansprüchen dieses Buch nutzen.

Ob Sie hierbei die inhaltlichen Tiefen bei den unterschiedlichen Themen (Kapiteln) variieren oder ob Sie alle Themen in einer inhaltlichen Tiefe bearbeiten, können Sie Ihren Ansprüchen entsprechend entscheiden.

- **Verwendung des Buches bei der Aneignung eines „Überblickswissens"**
Lesen und arbeiten Sie sich die Inhalte des Buches durch. Verwenden Sie anstelle der „Abbildungen zum Beschriften" die Lösungen im Buch (↑ Lösungen 2: „Lösungen: Abbildungen zum Beschriften"). Die „Abbildungen zum Beschriften" sind mit einem Bleistiftsymbol gekennzeichnet (siehe ◘ Abb. 0.1). Hilfreiche Filmclips und Anleitungen zum Bau von Modellen, die im Buch Beschriebenes verdeutlichen, sind auf der Produktseite des Verlags zu diesem Buch verfügbar.

- **Verwendung des Buches bei der Aneignung eines „Grundwissens"**
Arbeiten Sie die Inhalte des Buches durch, verwenden Sie bei Bedarf Zusatzliteratur. Bearbeiten Sie die „Abbildungen zum Beschriften". Verwenden Sie hierzu Literatur (geeignet ist Faller A & Schünke M (1999) Der Körper des Menschen. Einführung in Bau und Funktion, Thieme, Stuttgart). Die „Abbildungen zum Beschriften" sind mit einem Bleistiftsymbol gekennzeichnet (siehe ◘ Abb. 0.1). Lösungen zur Kontrolle sind am Ende des Buches vorhanden. Bearbeiten Sie die Aufgaben 1 („Erklären/definieren Sie die folgenden Begriffe") und 2 („Wiederholungsfragen und Wiederholungsaufgaben") am Ende jedes Kapitels. Für die Aufgaben müssen Sie unter Umständen teilweise Zusatzliteratur einbeziehen. Lösungen für die Aufgaben 1 und 2 sind am Ende des Buches vorhanden (verwenden Sie das Glossar als Lösung für Aufgabe 1). Hilfreiche Filmclips und Anleitungen zum Bau von Modellen, die im Buch Beschriebenes verdeutlichen, sind auf der Produktseite des Verlags zu diesem Buch verfügbar. Hier finden Sie auch Zusatzübungen mit Lösungen.

- **Verwendung des Buches bei der Aneignung eines „vertieften Wissens"**
Arbeiten Sie die Inhalte des Buches und die „Zusatzinformationen" durch, verwenden Sie unbedingt Zusatzliteratur (Anregungen für geeignete Literatur sind im Buch gegeben). Sie haben die Möglichkeit, Ergänzungen zu notieren (Seiten für eigene Notizen, siehe ◘ Abb. 0.2).

Bearbeiten Sie die „Abbildungen zum Beschriften". Verwenden Sie hierzu Literatur (geeignet ist Faller A & Schünke M (1999) Der Körper des Menschen. Einführung in Bau und Funktion. Thieme, Stuttgart oder ein Anatomielexikon mit deutschen Namensbezeichnungen). Die „Abbildungen zum Beschriften" sind mit einem Bleistiftsymbol gekennzeichnet (siehe ◘ Abb. 0.1). Lösungen zur Kontrolle sind am Ende des Buches vorhanden. Bearbeiten Sie die Aufgaben 1 („Erklären/definieren Sie die folgenden Begriffe"), 2 („Wiederholungsfragen und Wiederholungsaufgaben") und 3 („Vertiefung und Vernetzung mit Zoologie und Botanik") am Ende jedes Kapitels. Für die Beantwortung der Fragen müssen Sie Zusatzliteratur einbeziehen. Die Lösungen für die Aufgaben 1 und 2 sind am Ende des Buches vorhanden (verwenden Sie das Glossar als Lösung für Aufgabe 1). Für das „vertiefte Wissen" gehören die Lösungen des „Grundwissens" und die des „vertieften Wissens" zusammen. Die Lösungen von Aufgabe 3 obliegen dem Leser. Hilfreiche Filmclips und Anleitungen zum Bau von Modellen, die im Buch Beschriebenes verdeutlichen, sind auf der Produktseite des Verlags zu diesem Buch verfügbar. Hier finden Sie auch Zusatzübungen mit Lösungen.

 Abbildung zum Beschriften

◘ **Abb. 0.1** Symbol: Abbildungen zum Beschriften

 Seite für eigene Notizen

◘ **Abb. 0.2** Symbol: Seite für eigene Notizen

▪ **Danksagung**
Mein besonderer Dank gilt Sylva Baur, Dr. med. Astrid Baur, Thomas Schuller, Ingried Seibold und Anne Storm für die Korrekturlesung der einzelnen Kapitel und für ihre wertvollen und hilfreichen Anregungen.

Inhaltsverzeichnis

Zelle und Gewebe

Armin Baur

A. Baur, *Humanbiologie für Lehramtsstudierende,*
DOI 10.1007/978-3-662-45368-1_1, © Springer-Verlag Berlin Heidelberg 2015

1.1   Die Zelle

Unser gesamter Körper ist aus kleinen „Bausteinen" zusammengesetzt, den Zellen. Ganz egal, um welche Art von Zelle es sich auch handelt, alle haben einen ähnlichen Aufbau. Lediglich zwischen Bakterien-, Pflanzen- und Tierzellen gibt es einen gravierenden Unterschied.

1.1.1   Anatomie der (tierischen) Zelle

Alle tierischen Zellen bestehen aus denselben Grundelementen und Zellorganellen (◨ Abb. 1.1).

1.1.2   Funktionen der Zellorganellen

- **(A) Zellkern**

Der Zellkern enthält den größten Teil des genetischen Materials. Beim Menschen 46 Chromosomen. Eine Körperzelle ist im Gegensatz zu einer Keimzelle diploid; dies bedeutet, sie besitzt im Zellkern einen doppelten Chromosomensatz (22-mal zwei gleichwertige Chromosomen (= 44 Stück) + zwei Geschlechtschromosomen). Der Zellkern enthält nicht die komplette DNA, da auch manche Zellorganellen eigene DNA-Stränge besitzen (↑ Zusatzinformationen – Endosymbiontentheorie).

Im Nucleolus, einem Bestandteil des Zellkerns, werden Untereinheiten der Ribosomen gebildet. Der vollständige Aufbau der Ribosomen erfolgt jedoch im Cytoplasma.

- **(B) Ribosomen**

An den Ribosomen werden körpereigene Proteine synthetisiert. Man unterscheidet *freie* und *membrangebundene Ribosomen*. Die freien Ribosomen befinden sich im Cytoplasma, an ihnen werden Proteine gebildet, die in der Zelle selbst verwendet werden. Membrangebundene Ribosomen sitzen am rauen endoplasmatischen Reticulum. Sie synthetisieren Proteine, die entweder in die Zellmembran eingebaut oder aus der Zelle ausgeschleust werden (die Proteine haben eine Funktion außerhalb der Zelle).

- **(C) Endoplasmatisches Reticulum**

Das endoplasmatische Reticulum ist mit der Kernhülle verbunden. Man unterscheidet das *glatte* endoplasmatische Reticulum (ohne Ribosomen) vom *rauen* endoplasmatischen Reticulum (mit Ribosomen). Das *glatte endoplasmatische Reticulum* produziert unter anderem Fettsäuren (↑ Ernährung und Verdauung – Fettaufbau) und Fette (Lipide). In manchen Zellen wird hierin auch Glykogen gespeichert (↑ Ernärung und Verdauung – KH-Stoffwechsel). Im *rauen endoplasmatischen Reticulum* werden Proteine produziert, die mit einem Membranbläschen (Vesikel) aus der Zelle transportiert werden.

- **(D) Golgi-Apparat**

Der Golgi-Apparat erhält über Vesikel (Transportbläschen) Produkte (z. B. Proteine) des glatten oder rauen endoplasmatischen Reticulums. Diese Stoffe werden im Golgi-Apparat gespeichert oder abgewandelt (modifiziert) und weiterbefördert.

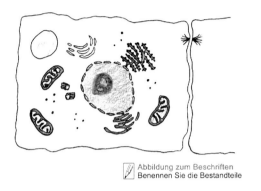

Abbildung zum Beschriften
Benennen Sie die Bestandteile

☐ **Abb. 1.1** Aufbau einer Zelle

- **(E) Mitochondrien**

In den Mitochondrien finden verschiedene Vorgänge der inneren Atmung statt (↑ Ernährung und Verdauung – Decarboxylierung, Citronensäurezyklus, Atmungskette). Ziel ist die Endoxidation der Nährstoffe und der Aufbau von ATP.

- **(F) Centriolen**

Aus den Centriolen entstehen bei der Zellteilung die Spindelfasern, die die Chromosomen voneinander trennen.

- **(G) Lysosomen**

Sind „Organellen" zur Verdauung von abgestorbenen Zellbestandteilen oder von aufgenommenen Substanzen.

Der Golgi-Apparat produziert ein primäres Lysosom. Nach der Aufnahme von zellfremden Substanzen durch Phagocytose in die Zelle verschmilzt das primäre Lysosom mit dem Phagocytosebläschen zum Phagolysosom. Im Phagolysosom wird nun der Inhalt des Phagocytosebläschens verdaut.

- **(H) Zellmembran**

Die Zellmembran umschließt die Zelle und ist für den Austausch von Stoffen in und aus der Zelle zuständig. Der Austausch kann über einfache Diffusion, Osmose, erleichterte Diffusion

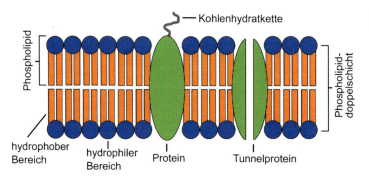

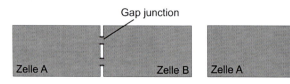

■ **Abb. 1.3** Zellkontakt – Gap junctions   ■ **Abb. 1.4** Zellkontakt – Tight junctions

(Tunnelproteine = Kanäle), aktiven Transport (Pumpen), Exo- oder Endocytose erfolgen. Die Zellmembran ist aus Phospholipiden und Proteinen (siehe ■ Abb. 1.2) aufgebaut, die nicht fest an ihrem Platz verankert, sondern immer in Bewegung sind. Die Viskosität (Zähflüssigkeit) der Zellmembran ist mit der Viskosität von Speiseöl vergleichbar. Die Membran besteht aus zwei Lagen Phospholipiden und wird daher Phospholipiddoppelschicht genannt.

■ (I) Zellkontakt
Die einzelnen Zellen sind oft miteinander verbunden. Hierzu gibt es drei verschiedene Zellkontaktarten.

1. Punktdesmosomen (wie in ■ Abb. 1.1 zu sehen): verankern die Zellen miteinander. Durch die Zellmembranen führen Keratinfäden (Keratin ist ein sehr widerstandsfähiges Faserprotein), die die benachbarten Zellen zusammenhalten.
2. Gap junctions (■ Abb. 1.3): bilden Cytoplasmakanäle, über die Salze, Zucker, Aminosäuren und kleine Moleküle ausgetauscht werden können. Gap junctions werden für die Kommunikation und die Erregungsleitung verwendet.
3. Tight junctions (■ Abb. 1.4): verbinden die Zellen dicht miteinander, damit keine Stoffe mehr zwischen den Zellen hindurchdringen können. Eine dichte Barriere ist in vielen Bereichen unseres Körpers wichtig, z. B. im Darm.
   Sind Zellen über Tight junctions verbunden, können Stoffe diese Barriere nur überwinden, indem sie die Zelle durchqueren.

1.2   Das Gewebe

Der Verband von Zellen mit gleichen oder ähnlichen Aufgaben heißt Gewebe. Man kann vier Gewebearten unterscheiden. Ein Organ besteht aus verschiedenen Geweben oder Zellen.

1.2.1 Epithelgewebe

Es gibt drei unterschiedliche Arten von Epithelgewebe: Oberflächenbildendes Epithel, Drüsenepithel und Sinnesepithel:

- Das oberflächenbildende Epithel umschließt die inneren und äußeren Oberflächen des Körpers und dient dem Schutz, den Stoffausscheidungen und der Stoffaufnahme.
- Das Drüsenepithel hat die Aufgabe, Stoffe durch Sekretion abzugeben.
- Das Sinnesepithel ist für die Reizaufnahme verantwortlich.

Beispiele für Epithelgewebe: Netzhaut, Harnwege, Epidermis, Darmzotten.

1.2.2 Binde- und Stützgewebe

Es gibt viele unterschiedliche Arten von Binde- und Stützgewebe, die an dieser Stelle nicht alle aufgeführt werden können.

Das Binde- und Stützgewebe hat Binde-, Stütz-, Stoffwechsel- und Speicherfunktion. Es ist zudem wichtig für den Wasserhaushalt, für die Wundheilung und die Immunreaktion.

Beispiele für Binde- und Stützgewebe: Sehnen, Leukocyten, Fettgewebe, Knochen, Knorpel.

1.2.3 Muskelgewebe

Das Muskelgewebe hat die Fähigkeit, sich zusammenzuziehen – die Fähigkeit zur Kontraktion (↑ Bewegung – Gleitfilamenttheorie).

Es gibt drei Arten von Muskelgewebe:

- Glattes Muskelgewebe: Das glatte Muskelgewebe ist unwillkürliche Muskulatur (↑ Nervensystem – autonomes Nervensystem).
- Quergestreiftes Muskelgewebe: Das quergestreifte Muskelgewebe wird auch Skelettmuskulatur genannt. Die Muskulatur ist willkürlich.
- Herzmuskelgewebe: Das Herzmuskelgewebe ist quergestreifte Muskulatur, die unwillkürlich ist.

Eine Muskelzelle der Skelettmuskulatur heißt „Muskelfaser" und kann bis zu 20 cm lang werden. Eine Muskelfaser enthält viele Zellkerne.

Die Skelettmuskulatur hat auch Bedeutung für den Wärmehaushalt. Durch Muskelzittern wird Wärme erzeugt.

1.2.4 Nervengewebe

Es gibt zwei Arten von Nervengewebszellen: Neuronen und Gliazellen (↑ Nervensystem).

1

Die Endosymbiontentheorie

Die Endosymbiontentheorie besagt, dass im Verlauf der Evolution Vorformen der Eukaryotenzelle andere Einzeller über Phagocytose aufgenommen, aber nicht verdaut, haben. Die Eukaryotenzelle ging eine Symbiose mit diesen Einzellern (die zu Organellen wurden) ein. Bei den Organellen handelt es sich, so die These, um Chloroplasten und Mitochondrien. Die Hypothese zu dieser Theorie wurde von A. F. W. Schimper 1883 aufgestellt und konnte mittlerweile mit moderner Molekularbiologie zu einer Theorie ausgebaut werden.

Argumente, die die Theorie belegen:

— Mitochondrien und Chloroplasten besitzen eine doppelte Membran. Die zwei Membranen kamen, so die These, durch die Endocytose zustande: Die innere Membran stammt vom Organell selbst und die äußere Membran vom Endocytosebläschen.
— Mitochondrien und Chloroplasten können sich selbst vervielfältigen (Teilung). Die Mitochondrien eines Menschen werden über die Eizelle der Mutter an das Kind weitergegeben.
— Mitochondrien und Chloroplasten enthalten ihre eigene DNA (fadenförmige DNA).

Phospholipid

Phospholipide (◘ Abb. 1.5) sind der Hauptbestandteil der Zellmembran. Sie bestehen aus Glycerin, zwei Fettsäuren und einem Phosporsäurerest, der noch einen Cholinrest an sich trägt. Die Fettsäuren bilden den fettlöslichen (hydrophoben) Teil und das Glycerin mit dem Phosphosäure- und Cholinrest den wasserlöslichen (hydrophilen) Teil des Phospholipids. Ein Phospholipid ist ein Diglycerid (↑ Verdauung/Ernährung – Fette), an dem noch ein Phosphorsäure- und Cholinrest angeordnet ist.

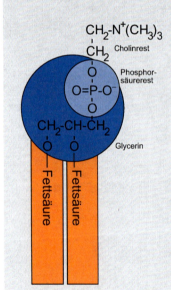

◘ **Abb. 1.5** Phospholipid

❷ 1. Erklären/definieren Sie die folgenden Begriffe

aktiver Transport
Binde- und Stützgewebe
Centriol
Desmosomen
Diffusion
Endocytose
endoplasmatisches Reticulum
Epithelgewebe
Exocytose
Gap junctions
Gewebe
Golgi-Apparat
hydrophil
hydrophob
Lysosom
Mitochondrium
Muskelgewebe
Nervengewebe
Osmose
Phagocytose
Phospholipiddoppelschicht
Ribosomen
Tight junctions
Tunnelprotein
Zellkern

❷ 2. Wiederholungsfragen und Wiederholungsaufgaben

1. Welche Zellbestandteile gibt es in einer tierischen Zelle (dazu gehören auch menschliche Zellen)?
2. Welche Aufgaben/Funktionen haben die einzelnen Zellbestandteile?
3. Wie ist die Zellmembran aufgebaut? Welchen Vorteil bietet der Aufbau?
4. Welche zellulären Transportvorgänge für den Im- und Export gibt es? Wie funktionieren sie?
5. Pflanzliche Zellen sind durch die Zellwand miteinander verbunden. Wie sind tierische Zellen miteinander verbunden?
6. Vergleichen Sie einen Einzeller mit einer menschlichen Zelle. Was ist vergleichbar (identisch) und was ist anders?
7. Welche Gewebsarten gibt es?
8. Nennen Sie zu jeder Gewebeart Beispiele.
9. Betrachten Sie die grobe Anatomie der Organe Dünndarm und Herz und ordnen Sie den Strukturen der beiden Organe einzelne Gewebearten zu. (Wo am Herzen finden Sie Muskelgewebe? Wo Epithelgewebe? …)

❷ 3. Vertiefung und Vernetzung mit Zoologie und Botanik

1. Wie werden in der Zelle Proteine produziert?
2. Wozu werden in der Zelle/im Körper Proteine benötigt?
3. Wie teilt sich eine Zelle? Genau erklären.

Ergänzende Literatur

Campbell NA, Kratochwil A, Lazar T, Reece JB (2009) Biologie. Pearson, München (8., aktualisierte Aufl. [der engl. Orig.-Ausg., 3. Aufl. der dt. Übers.])

Goodsell DS (2010) Wie Zellen funktionieren: Wirtschaft und Produktion in der molekularen Welt, 2. Aufl. Springer Spektrum, Heidelberg

Purves W, Sadava D, Held A, Markl J (2011) Purves Biologie, 9. Aufl. Springer Spektrum, Heidelberg

Seiten für eigene Notizen

Seite für eigene Notizen

Seite für eigene Notizen

Atmung

Armin Baur

A. Baur, *Humanbiologie für Lehramtsstudierende,*
DOI 10.1007/978-3-662-45368-1_2, © Springer-Verlag Berlin Heidelberg 2015

2.1   Einführung

Die meistgegebene Antwort auf die Frage „Warum wir atmen?" ist, dass wir Sauerstoff (O_2) benötigen, um zu leben. Der zweite wichtige Grund, die Abatmung von Kohlenstoffdioxid (CO_2), wird oft vergessen.

Aber gehen wir zunächst zurück zur Tatsache, dass wir O_2 benötigen. Der Grund hierfür ist, dass die über die Nahrung aufgenommenen Nährstoffe (↑ Ernährung und Verdauung – Nährstoffe) in den Zellen oxidativ abgebaut werden, um Energie zu gewinnen. Oxidativer Abbau bedeutet, wenn man es stark reduziert betrachtet, dass die Nährstoffe zerlegt werden und Sauerstoff angelagert wird. Das Endprodukt des oxidativen Abbaus ist H_2O und CO_2. Das entstandene CO_2 muss nun abgeatmet werden, da es mit Wasser teilweise zu Kohlensäure (H_2CO_3) reagiert. Ist der Anteil von CO_2 in Blut und Lymphe zu groß, entsteht zu viel Kohlensäure und der pH-Wert verändert sich. Ein veränderter pH-Wert kann für den Körper bedrohlich sein. Der normale pH-Wert im Blut liegt bei 7,37 bis 7,43.

Die Atmung kann man in die *innere Atmung* und in die *äußere Atmung* untergliedern.

Die *äußere Atmung* ist der Gasaustausch mit der Umwelt (O_2 wird aufgenommen und CO_2 abgegeben).

Die *innere Atmung* ist der oxidative Abbau der Nährstoffe (O_2 wird verbraucht und CO_2 entsteht).

2.2   Anatomie

■ **(A) Übersicht Atmungsorgane**

Bei den Atmungsorganen (◻ Abb. 2.1) kann man luftleitende und zum Gasaustausch dienende Organe unterscheiden. Die luftleitenden Atmungsorgane kann man noch in die *oberen* und in die *unteren Luftwege* unterteilen.

Obere Luftwege: Nase, Mundhöhle, Rachenraum, Kehlkopf

Untere Luftwege: Luftröhre, Bronchien, Bronchiolen, Alveolen

In den Alveolen (Lungenbläschen ◻ Abb. 2.2) findet der Gasaustausch statt.

Die Lunge eines Menschen (beide Lungenflügel zusammen) besteht aus ca. 300 Millionen Alveolen; dies entspricht ungefähr 3,6-mal der Bevölkerung von Deutschland. Die Fläche, die zum Gasaustausch verwendet wird, hat eine Gesamtfläche von ca. 100 m²; dies entspricht 100 Tafelhälften.

■ **(B) Nase**

Die Nase ist durch die Nasenscheidewand in zwei gleiche Teile aufgetrennt – linke und rechte Nasenhöhle. Die Oberflächen der Seitenwände der Nasenhöhlen sind durch die Nasenmuscheln (◻ Abb. 2.3) stark vergrößert. Die Nasenlöcher besitzen einen Kranz aus Haaren, die grobe Verunreinigungen zurückhalten.

■ **(C) Kehlkopf**

Am Anfang der Luftröhre liegt der Kehlkopf (Larynx), der mit dem Kehldeckel verschlossen werden kann. Das Verschließen verhindert, dass Speisebrei und Speisebrocken in die Luftröhre gelangen. Außerdem kann unser Körper das Verschließen dazu verwenden, um einen Druck aufzubauen, damit Fremdkörper abgehustet werden können.

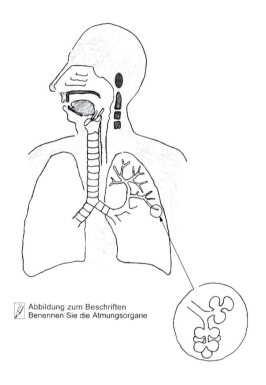

Abbildung zum Beschriften
Benennen Sie die Atmungsorgane

□ Abb. 2.1 Atmungsorgane

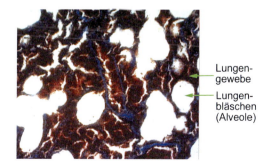

Lungen-
gewebe

Lungen-
bläschen
(Alveole)

□ Abb. 2.2 Querschnitt durch die Lunge, 60-fach
vergrößert

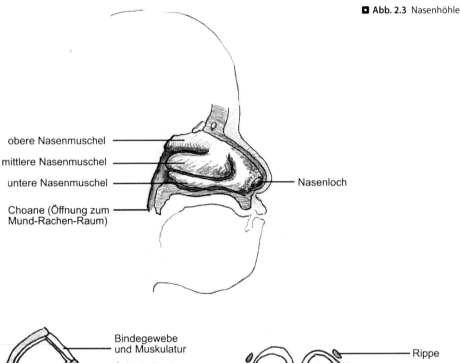

❏ **Abb. 2.3** Nasenhöhle

obere Nasenmuschel

mittlere Nasenmuschel

untere Nasenmuschel

Choane (Öffnung zum
Mund-Rachen-Raum)

Nasenloch

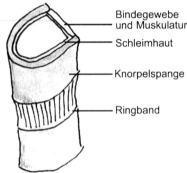
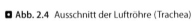

Bindegewebe
und Muskulatur

Schleimhaut

Knorpelspange

Ringband

❏ **Abb. 2.4** Ausschnitt der Luftröhre (Trachea)

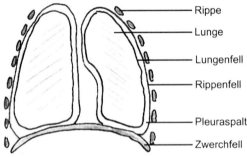

Rippe

Lunge

Lungenfell

Rippenfell

Pleuraspalt

Zwerchfell

❏ **Abb. 2.5** Brustfell (Pleura)

- **(D) Luftröhre**

Die Luftröhre (Trachea) ist ein 10–12 cm langes Rohr, das einen Durchmesser von 2 cm hat. Sie ist keine steife Röhre, sondern besteht aus ca. 20 nach hinten geöffneten Knorpelspangen (siehe ❏ Abb. 2.4), die mit Ringbändern zu einer Röhre verbunden sind. Hinten sind die Knorpelspangen durch Bindegewebe und Muskulatur verschlossen. Die Knorpelspangen sind außen von Bindegewebe umhüllt. Das Innere der Luftröhre wird von einer Schleimhaut bedeckt. Dieser Aufbau der Luftröhre ist wichtig, da sich die Luftröhre beim Einatmen nicht verschließen darf (daher ist sie starr). Sie muss dennoch beweglich sein (damit wir unseren Kopf bewegen können) und muss der hinter ihr liegenden Speiseröhre bei Bedarf mehr Platz zur Verfügung stellen (Muskel und Bindegewebe können sich beim Schlucken großer Brocken „eindellen").

- **(E) Brustfell**

Die Lunge wird vom Brustfell (Pleura) überzogen und hierdurch mit dem Brustkorb und dem Zwerchfell verbunden (❏ Abb. 2.5). Das Brustfell ist aus dem Lungenfell, dem Rippenfell und dem Pleuraspalt aufgebaut. Das Lungenfell umschließt die Lungenflügel. Das Rippenfell um-

■ **Abb. 2.6** Nase – Luftwege

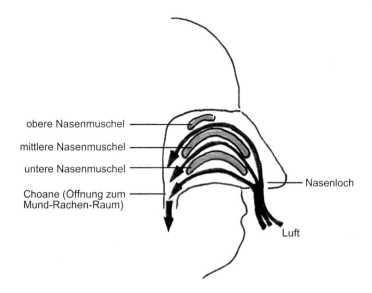

obere Nasenmuschel

mittlere Nasenmuschel

untere Nasenmuschel

Choane (Öffnung zum
Mund-Rachen-Raum)

Nasenloch

Luft

schließt das Lungenfell. Zwischen dem Lungen- und Rippenfell gibt es einen Spalt, den Pleuraspalt. Der Pleuraspalt ist ein sehr kleiner Hohlraum. Er ist mit einer Flüssigkeit gefüllt und
nahezu luftleer (Vakuum). Durch den Unterdruck (Vakuum) ist eine Anhaftung der Lunge an
den Brustkorb und das Zwerchfell gewährleistet. Durch die Flüssigkeit können sich Lungen-
und Rippenfell gegeneinander verschieben; dies ist für die Atembewegung wichtig.

2.3 Physiologie

■ **(A) Nase**
Die Nase hat drei zentrale Aufgaben, die sie mithilfe ihrer Schleimhaut erfüllen kann:
— Filterung der Luft: Die Haare am Naseneingang und der klebrige Schleim der Schleim-
  haut befreien die Luft von Verunreinigungen und Fremdkörpern.
— Erwärmung der Luft: Wir benötigen eine konstante Körperkerntemperatur von 36,5°–
  37,5 °C, damit alle Vorgänge in unserem Körper stattfinden können. In der Nase wird die
  Luft angewärmt.
— Befeuchtung der Luft: Als landlebender Organismus muss sich unser Körper vor Austrocknung schützen. Damit die Lungen und Atemwege nicht austrocknen, werden sie mit
  feuchter Luft belüftet.

Bei der Erfüllung dieser Aufgaben kommt der Nase ihre Anatomie zugute (■ Abb. 2.6). Die
Nasenmuscheln vergrößern die Oberfläche stark. Hierdurch kommt ein Großteil der Luft mit
der Schleimhaut in Berührung.

■ **(B) Alveolen**
Die Alveolen sind von einem Kapillarnetz (Netz aus kleinen Blutgefäßen) umgeben. Das Kapillarnetz liegt im Lungengewebe (■ Abb. 2.7) und ermöglicht den Austausch der Gase zwischen
Atemluft und Blut. Die Einatemluft (■ Tab. 2.1) ist reich an O_2 (sie hat einen hohen Partialdruck
bezüglich O_2), das Blut hat einen niedrigen Partialdruck bezüglich O_2. Durch Diffusion kommt
es zum Konzentrationsausgleich; das Blut nimmt Sauerstoff auf. Mit Kohlenstoffdioxid (CO_2)

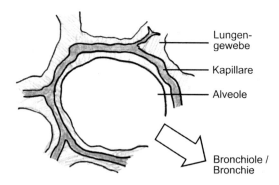

◻ Abb. 2.7 Alveole mit umliegendem Lungengewebe

Lungen-
gewebe

Kapillare

Alveole

Bronchiole /
Bronchie

◻ **Tab. 2.1** Vergleich von Ein- und Ausatemluft

	Einatemluft	Ausatemluft
Stickstoff (N_2)	78 %	78 %
Sauerstoff (O_2)	21 %	16 %
Kohlenstoffdioxid (CO_2)	0,04 %	4 %
Rest: Edelgase, H_2O	0,96 %	2 %

verhält es sich genau umgekehrt; der Partialdruck im Blut ist hoch und in den Alveolen klein. Da das Blut an den Alveolen vorbeiströmt, kann der sich dadurch immer wieder aufbauende Unterschied ständig ausgenutzt werden, bis die Atemluft schließlich ausgeatmet wird. Neue Luft wird eingeatmet, und der Konzentrationsunterschied wird wieder verstärkt.

▪ (C) Ventilation

Um die Ventilation verstehen zu können, kann man sich das Teilchenmodell zu Nutze machen. Beim Teilchenmodell werden alle Moleküle als Kugeln – in der Bildebene als Kreise – dargestellt. Wir wollen an dieser Stelle nur Luftteilchen betrachten und vernachlässigen, dass es unterschiedliche Luftteilchen (O_2, CO_2, N_2, H_2O und Edelgase) gibt. Wir sind von Luftteilchen umgeben, die ein Gewicht haben. Da viele Luftteilchen übereinander gestapelt sind, sind wir einem ständigen Luftdruck ausgesetzt. Auf uns drückt ständig das Gewicht von vielen Luftteilchen – was ungefähr einem Gewicht von 10 Tonnen (10 Kleinwagen) pro m² entspricht. Durch den Luftdruck wird Luft in die Lunge gedrückt.

Erweitern sich die Lungenflügel, entsteht Platz für Luftteilchen in der Lunge (es entsteht ein Unterdruck – siehe ◻ Abb. 2.8), die Luftteilchen von außen werden durch den Luftdruck in den entstandenen Leerraum der Lunge gedrückt. Verkleinert sich die Lunge (Ausatmung), werden die überzähligen Luftteilchen nach außen gedrückt. Die Ventilation kann auf zwei Arten erfolgen: Bauchatmung und Brustatmung.

▪▪ Bauchatmung

Einatmung (Inspiration): Bei der Einatmung senkt sich durch Kontraktion das Zwerchfell. Da das Zwerchfell mit der Pleura verbunden ist, wird auch die Lunge nach unten, in die Länge, gezogen und so der Raum in der Lunge vergrößert.

Ausatmung (Exspiration): Das Zwerchfell erschlafft und die zusammengedrückten Bauchorgane schieben die Lunge wieder nach oben. Zusätzlich wird die Lunge durch die Eigenelastizität zusammengezogen und der Lungenraum wird kleiner.

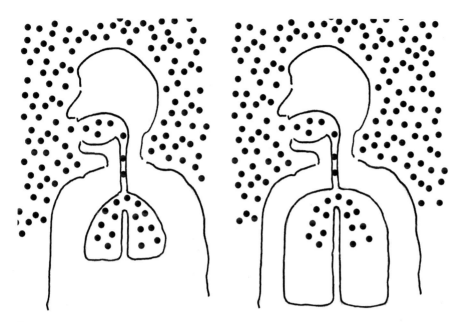

□ **Abb. 2.8** Luftteilchen und Ventilation

▪▪ Brustatmung

Einatmung (Inspiration): Die Rippenmuskulatur zieht sich zusammen. Dadurch werden die einzelnen Rippen nach vorne und nach oben gezogen. Der Lungenraum vergrößert sich.

Ausatmung (Exspiration): Die Rippenmuskulatur erschlafft. Die Schwerkraft, die Spannung im Lungengewebe und entgegengesetzte Rippenmuskulatur ziehen den Brustkorb wieder nach unten.

▪ (D) Atemregulation

Die Atmung wird im Atemzentrum (verlängertes Mark = Medulla oblongata) gesteuert. Das Atemzentrum reagiert auf:

- Dehnungsrezeptoren in der Lunge (Überdehnung der Lunge wird verhindert),
- Chemische Rezeptoren, die die CO_2-, O_2- und H^+-Konzentration im arteriellen Blut messen

▪ Wichtige Zahlen und Größen

(Die angegebenen Zahlen sind auf einen 25-jährigen Mann bezogen. Die Werte können je nach Größe, Geschlecht und körperlichem Zustand schwanken.)

- *Totalkapazität* (Menge, die nach maximaler Einatmung in der Lunge ist) = 6,0 l,
- *Vitalkapazität* (Menge, die nach kompletter Ausatmung eingeatmet werden kann; maximale Ausdehnungsfähigkeit der Lunge) = 4,5 l,
- *Residualvolumen* (Luftmenge, die nach kompletter Ausatmung in der Lunge verbleibt) = 1,5 l,
- *Luftmenge bei normaler Ein- und Ausatmung* = 0,5 l,
- *Atemzugvolumen* = Luft, die bei einem Atemzug eingeatmet wird,
- *Atemfrequenz* = Atemzüge pro Minute (normal in Ruhe ca. 16 Atemzüge),
- *Atemminutenvolumen* = Atemzugvolumen × Atemfrequenz.

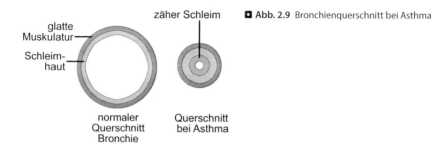

Abb. 2.9 Bronchienquerschnitt bei Asthma

2.4   Krankheiten und Verletzungen

- **(A) Asthma bronchiale**

Beim Asthma kommt es durch Allergene aus der Umwelt oder durch eine Infektion zu einem anfallsweisen Auftreten von Atemnot durch eine Verengung der Bronchien (siehe ◻ Abb. 2.9). Die Verengung entsteht aufgrund dreier Faktoren:

- Die Muskulatur der Bronchien verkrampft, dies führt zur Engstellung (Zusammenziehen) der Bronchien.
- Es kommt zu einer starken Absonderung von Schleim.
- Die bronchiale Schleimhaut schwillt an.

Personen, die einen Asthmaanfall haben, leiden an Atemnot, Husten, meist zähem Auswurf, Abnahme des Ausatemstoßes und exspiratorischem Giemen (Pfeifen bei der Ausatmung).

Die verminderte Luftabatmung führt zur Überblähung der Lunge, was langfristig zur Zerstörung der Feinstruktur der Lunge führt (COPD, chronisch obstruktive Lungenerkrankung).

- **(B) Lungenkollaps (Pneumothorax)**

Wird durch eine Verletzung (oder Krankheit) das Vakuum im Pleuraspalt zerstört, fällt die Lunge in sich zusammen und kann nicht mehr belüftet werden. Es kommt zur Atemnot.

? 1. Erklären/definieren Sie die folgenden Begriffe

Alveolen
äußere Atmung
Bauchatmung
Bronchie
Bronchiole
Brustatmung
Diffusion
Erythrocyt
Exspiration
innere Atmung
Inspiration
Kapillare
Kohlensäure
Medulla oblongata
Partialdruck
Trachea
Ventilation

Partialdruck

Partialdruck (p) in den Alveolen nach Einatmung

$pO_2 = 100$ mmHg

$pCO_2 = 40$ mmHg

Partialdruck (p) im O_2-armen Blut der Kapillaren

$pO_2 = 40$ mmHg

$pCO_2 = 46$ mmHg

Die Substanzmenge M der Diffusion wird nach der Gleichung:

$M = K \cdot F / d \cdot \Delta P$ berechnet

F ist die Diffusionsfläche und d die Dicke der Schicht, durch die der Stoff hindurch diffundiert.

ΔP ist der Partialdruckunterschied:

$\Delta P_{O_2} = 100 - 40 = 60$ mmHg

$\Delta P_{CO_2} = 46 - 40 = 6$ mmHg

K ist eine für das jeweilige Gas spezifische Konstante der Diffusionsleitfähigkeit; K von CO_2 ist 23-mal größer als von O_2, daher ist die CO_2-Abgabe in der Lunge trotz geringem ΔP_{CO_2} nicht zu gering.

❷ 2. Wiederholungsfragen und Wiederholungsaufgaben

1. Wozu atmen wir?
2. Welche Aufgaben/Funktion hat die Nase?
3. Wie gelangt der Sauerstoff ins Blut? Wie Kohlenstoffdioxid aus dem Blut?
4. Wie wird der Sauerstoff zu den Zellen transportiert? Wie wird Kohlenstoffdioxid zur Lunge transportiert?
5. Welche Funktion hat der Kehlkopf (mit Kehldeckel)?
6. Wie ist die Ein- und Ausatemluft zusammengesetzt?
7. Wie funktioniert die Brustatmung?
8. Wie funktioniert die Bauchatmung?
9. Wie wird die Atmung gesteuert?
10. Wann und wie übersäuert das Blut?

❷ 3. Vertiefung und Vernetzung mit Zoologie und Botanik

1. Was passiert alles bei der inneren Atmung (Zellatmung)?
2. Wo genau findet die innere Atmung (Zellatmung) statt?
3. Was ist das Gegenteil von Dissimilation? Was passiert hierbei alles?
4. Welche Atemorgane gibt es im Tierreich?
5. Was ist der Unterschied zwischen Überdruck- und Unterdruckatmung?
6. Was genau ist der Säure-Basen-Haushalt?

Ergänzende Literatur

Clauss W, Clauss C (2009) Humanbiologie kompakt, 1. Aufl. Spektrum Akademischer Verlag, Heidelberg

Schmidt RF, Lang F, Heckmann M (Hrsg) (2010) Physiologie des Menschen. Mit Pathophysiologie, 31. Aufl. Springer, Heidelberg

Trebsdorf M (2011) Biologie, Anatomie, Physiologie. Lehrbuch und Atlas, 12. Aufl. Europa-Lehrmittel, Haan-Gruiten

Seite für eigene Notizen

Seite für eigene Notizen

Herz, Kreislauf, Blut und Lymphe

Armin Baur

A. Baur, *Humanbiologie für Lehramtsstudierende,*
DOI 10.1007/978-3-662-45368-1_3, © Springer-Verlag Berlin Heidelberg 2015

3.1   Herz

3.1.1   Anatomie

Das Herz ist ein muskuläres Organ, welches zwei Vorhöfe und zwei Herzkammern besitzt, die durch Herzklappen voneinander getrennt sind (◘ Abb. 3.1).

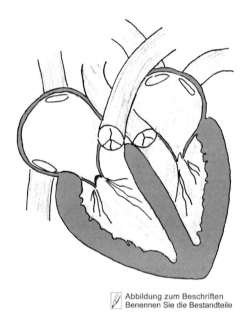

Abbildung zum Beschriften
Benennen Sie die Bestandteile

◘ **Abb. 3.1** Herz-Anatomie

3.1.2   Physiologie

- **(A) Der Pump-Saug-Vorgang**
- ■ **Diastole (Füllungsphase der Kammern)**

Die Vorhöfe sind mit Blut gefüllt. Die Herzmuskulatur (Kammermyokard) erschlafft, hierdurch öffnen sich die Segelklappen. Die Vorhöfe kontrahieren sich und das Blut aus den Vorhöfen strömt in die Herzkammern.

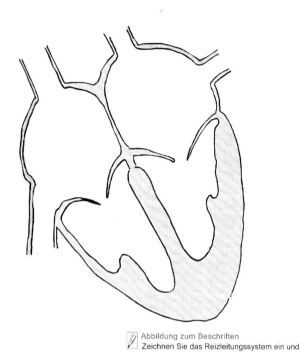

Abbildung zum Beschriften
Zeichnen Sie das Reizleitungssystem ein und
benennen Sie die Zentren

◘ **Abb. 3.2** Reizleitung des Herzens

▪▪ Systole (Austreibungsphase)

Die Herzmuskulatur kontrahiert sich, hierdurch schließen sich die Segelklappen. Der Druck
in der Herzkammer steigt an. Wird der Druck, der in der Aorta und Lungenarterie herrscht,
überstiegen, öffnen sich die Taschenklappen. Der nötige Druck der rechten Herzkammer beträgt 20 mmHg, derjenige der linken Herzkammer 120 mmHg.

▪ (B) Reizleitung

Das Herz hat ein autonomes Erregungssystem (◘ Abb. 3.2). Das Herz kann deshalb auch noch
eine gewisse Zeit schlagen, wenn es aus dem Körper entnommen und mit Nährstoffen versorgt
wird (Versuche bei Amphibien). Der Sinusknoten gibt eine Frequenz von 60–80 Schlägen pro
Minute vor (elektrischer Impuls). Die Erregungsimpulse gelangen über die Vorhofmuskulatur
(die durch den Impuls zur Kontraktion angeregt wird) zum AV-Knoten und über das His-Bündel und die Tawara-Schenkel zu den Purkinje-Fasern, die die Herzkammermuskulatur zur
Kontraktion bringen.

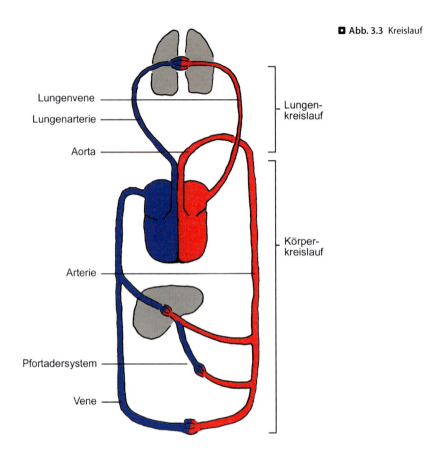

◘ Abb. 3.3 Kreislauf

Lungenvene

Lungenarterie

Aorta

Arterie

Pfortadersystem

Vene

Lungen-
kreislauf

Körper-
kreislauf

Die Herzfrequenz wird vom vegetativen Nervensystem beeinflusst (↑ Nervensystem – Vegetatives Nervensystem). Die normale Frequenz (messbar am Puls) beträgt 60–80 Schläge pro Minute. Die Blutmenge, die in einer Minute vom Herz transportiert wird (Herzminutenvolumen), beträgt ca. 4,9 l (entspricht knapp 5 Flaschen Milch). Das Herzminutenvolumen kann je nach Körperzustand und Belastung variieren.

3.2   Kreislauf

3.2.1   Anatomie

- **(A) Kreislaufsystem**
Der Kreislauf lässt sich grob in zwei Kreisläufe (◘ Abb. 3.3) unterteilen: den Körper- (großer Kreislauf) und den Lungenkreislauf (kleiner Kreislauf).

Der Lungenkreislauf befördert sauerstoffarmes Blut in die Lunge. Das Blut nimmt den Weg aus der rechten Herzkammer über die Lungenarterie, über Kapillaren in die Lungenvene und über sie zum Herz zurück, in den linken Vorhof.

Der Körperkreislauf versorgt alle Organe des Körpers mit sauerstoffreichem Blut. Das Blut fließt von der linken Herzkammer über die Aorta in den Körper. Über die Hohlvenen wird es zurück zum rechten Vorhof befördert. Im Körperkreislauf befindet sich auch das Pfortadersystem. Das Blut im Pfortadersystem durchläuft zwei Kapillarbereiche: die Kapillaren in den

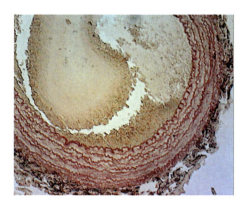

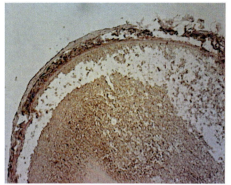

□ **Abb. 3.4** Arterienquerschnitt, 60-fach vergrößert

□ **Abb. 3.5** Venenquerschnitt, 60-fach vergrößert

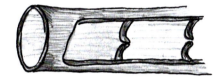

□ **Abb. 3.6** Venenklappen

Bauchorganen und die Kapillaren in der Leber. Das Pfortadersystem ist notwendig, da die Leber eine wichtige Rolle beim Stoffwechsel einnimmt und Nährstoffe aus den Verdauungsorganen aufnehmen muss (↑ Ernährung und Verdauung).

- **(B) Arterien**
Arterien (siehe □ Abb. 3.4) führen Blut vom Herzen weg in den Körper. Sie besitzen eine dicke Muskelschicht mit elastischen Fasern und können sich daher dehnen und durch die elastischen Fasern wieder zusammenziehen. Die Arterien münden in feine Arteriolen und diese münden in die Kapillaren. Es gibt muskuläre und elastische Arterien. Die muskulären Arterien besitzen einen geringeren Anteil an elastischen Fasern. Herznahe Arterien haben einen hohen Anteil an elastischen Fasern.

- **(C) Venen**
Venen (siehe □ Abb. 3.5) führen Blut aus dem Körper zum Herzen. Sie haben nur eine dünne Muskulatur. Im Gegensatz zu den Arterien besitzen Venen Venenklappen (□ Abb. 3.6), welche die Fließrichtung des Blutes bestimmen (das Blut kann nur in Richtung Herz fließen). Die Kapillaren münden in die feinen Venolen und diese in die Venen. Die großen Hohlvenen enden im rechten Vorhof.

3.2.2 Physiologie

Das Blut im Kreislauf wird durch viele Faktoren in Bewegung gehalten. Der Fluss zu den Kapillaren erfolgt durch:
- Die Pumpwirkung des Herzens.
- Die Windkesselfunktion der Aorta: Wird Blut aus dem Herzen in die Aorta gepresst, dehnt sich diese aus (dies ist durch ihr elastisches Gewebe möglich). Nach der Ausschüt-

insgesamt ca. 8 % des Körpergewichts

ca. 55 % — Hormone, Gase, Nährstoffe, Abfallprodukte und Blutplasma: Salze, Wasser (90 % des Plasmas), Fibrinogen

ca. 45 % — Blutkörperchen: Erythrocyten (rote Blutkörperchen), Leukocyten (weiße Blutkörperchen), Thrombocyten (Blutplättchen)

tungsphase des Herzens zieht sich die Aorta wieder zusammen und treibt das in ihr enthaltene Blut voran.

— Pulswelle: Elastische Arterien weiten sich durch Blutwellen aus und kontrahieren durch die elastischen Fasern wieder. Hierdurch wird das Blut vorangedrückt.

Die Bewegung des Blutes von den Kapillaren zum Herzen erfolgt durch:
— Die vorwärtsgerichtete Bewegung aufgrund der Venenklappen.
— Zusammenpressen der Venen durch anliegendes Gewebe (bei Körperbewegungen) und durch Volumenänderung anliegender Arterien.
— Die Saugwirkung des Herzens.

3.3   Blut

3.3.1   Zusammensetzung

Das Blut ist aus unterschiedlichen Bestandteilen zusammengesetzt (◻ Abb. 3.7).

Erythrocyten (◻ Abb. 3.8) besitzen Hämoglobin, das dem Blut die rote Farbe gibt. Sie werden im roten Knochenmark gebildet und haben eine Lebensdauer von 120 Tagen. Die Aufgabe der Erythrocyten ist der Transport von O_2 und zum Teil von CO_2.

Thrombocyten (◻ Abb. 3.8) sind beim Wundverschluss wichtig. Thrombocyten sind kernlose Zellen, die im Knochenmark gebildet werden. Sie haben eine Lebensdauer von fünf bis zehn Tagen.

Leukocyten (◻ Abb. 3.8) sind wichtige Bestandteile des Immunsystems. Sie werden im roten Knochenmark gebildet und haben eine Lebensdauer von wenigen Stunden bis zu vielen Jahren.

Erythrocyt
(oben stehend unten liegend)

Thrombocyt

Leukocyt

◻ Abb. 3.8 Blutkörperchen

◘ **Abb. 3.9** Filtration und Reabsorption

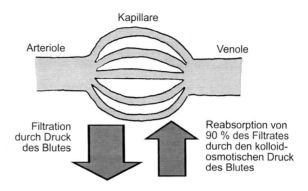

3.3.2 Aufgaben

1. Stofftransport:
   - O_2 (an Hämoglobin gebunden).
   - CO_2 (5 % in Erythrocyten, 10 % an Erythrocyten und 85 % als HCO_3^-).
   - Nährstoffe (↑ Ernährung und Verdauung – Nährstoffe).
   - Hormone (↑ Hormonsystem).
   - Vitamine (↑ Ernährung und Verdauung – Vitamine).
   - Spurenelemente (F, Cl, Na, …; ↑ Wasser-Elektrolyt-Haushalt).
   - Ausscheidungsprodukte (Harnstoff, Harnsäure …; ↑ Wasser-Elektrolyt-Haushalt).
2. Wärmeregulation: Das Blut „transportiert" Wärme. Wird viel Blut in die Körperaußenbereiche geleitet, wird Wärme abgegeben → Kühlung des Körpers. Wird wenig Blut in die Körperperipherie geleitet, wird Wärme zurückgehalten.
3. Immunsystem (↑ unten).
4. Wundheilung (↑ Zusatzinformationen).
5. Beteiligt an der Regulation des Wasser-Elektrolyt-Haushalts durch den osmotischen Druck des Blutes (↑ Wasser-Elektrolyt-Haushalt).
6. Regulation des Säure-Basen-Gleichgewichts: Pufferfunktion durch HCO_3^-; normaler pH-Wert des Blutes liegt bei 7,4.

Die Blutmenge unseres Körpers beträgt 8 % des Körpergewichts. Ein 80 kg schwerer Mensch hat eine Blutmenge von 6,4 l.

3.4 Lymphsystem

Das Filtrat des Blutes, welches ins Interstitium (Zellzwischenräume) abgegeben wird, bezeichnet man als Lymphe. Die Lymphe bringt Nährstoffe, Zellen und Proteine ins Bindegewebe. Zur Filtration des Blutes kommt es in den Kapillaren (◘ Abb. 3.9). Die Arteriolen verengen sich zu vielen kleinen (offenporigen) Kapillaren. Das Blut wird mit einem Druck (Blutdruck) in die engen Kapillaren gepresst. Dies führt dazu, dass Blutflüssigkeit durch die Poren der Kapillaren ins umliegende Gewebe gepresst wird. Erythrocyten und große Proteine verbleiben im Blut (die Poren sind für sie zu klein). Die im Blutsystem verbleibenden Erythrocyten und Proteine erzeugen einen hohen osmotischen Druck. Der osmotische Druck führt in den Kapillarenab-

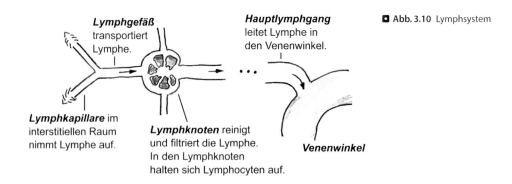

Lymphgefäß
transportiert
Lymphe.

Hauptlymphgang
leitet Lymphe in
den Venenwinkel.

◘ Abb. 3.10 Lymphsystem

Lymphkapillare im
interstitiellen Raum
nimmt Lymphe auf.

Lymphknoten reinigt
und filtriert die Lymphe.
In den Lymphknoten
halten sich Lymphocyten auf.

Venenwinkel

schnitten nahe der Venolen zur Reabsorption der Lymphe. Die Reabsorption beträgt 90 % des Filtrates – 10 % verbleiben im Gewebe. Die verbleibende Lymphe wird über das Lymphsystem zu den Venenwinkeln, die nahe am Herz liegen, transportiert.

Das Lymphsystem (◘ Abb. 3.10) beginnt mit den Lymphkapillaren im interstitiellen Raum. Die Lymphkapillaren sind Gefäße, die an ihrem Endpunkt offenporig verschlossen sind. Durch die Poren kann Lymphe in das Lymphsystem eindringen. Die Lymphkapillaren münden in die Lymphgefäße, die sich vereinigen und durch Lymphknoten führen. Die Lymphbahnen des Unterkörpers vereinigen sich zum „Milchbrustgang" (großes Lymphgefäß), welcher sich mit dem Lymphgang des linken Oberkörpers trifft und in den linken Venenwinkel mündet. Die Lymphbahnen des rechten Oberkörpers vereinigen sich zum rechten Hauptlymphgang und münden in den rechten Venenwinkel. Der Transport der Lymphe verläuft, wie bei den Venen, mithilfe von Klappen (verhindern den Rückfluss). Die Lymphgefäße werden aufgrund von Bewegungen des Körpers und anliegender Arterien zusammengedrückt. Durch die Kontraktion wird die Lymphe von Klappe zu Klappe gedrückt. Zusätzlich sorgt eine rhythmische Kontraktion (10–15/min) der glatten Muskulatur für den Rücktransport.

3.5   Immunsystem

Unser Körper besitzt viele Barrieren, um das Eindringen von Pathogenen (Krankheitserreger) und körperfremden Stoffen zu verhindern. Pathogene sind Bakterien, Viren, Pilze, Protozoen (Einzeller) und Würmer.

Zu den Barrieren, die die erste Verteidigungslinie unseres Körpers bilden, gehören die Haut, die Schleimhäute (mit Flimmerhärchen und zähem, fremdstoffbindendem Schleim) im Mund-, Nasen-, Rachenraum und in den Atemwegen, das saure Milieu in Magen und in der Scheide und harmlose Mikroorganismen auf der Haut und im Darm, die mit Pathogenen um Nahrung konkurrieren.

Wird eine dieser Barrieren durchbrochen, kommt das Immunsystem zum Einsatz. Das Immunsystem lässt sich in ein *angeborenes Immunsystem* und in ein *adaptives Immunsystem* unterteilen.

3.5.1   Das angeborene Immunsystem

Es gibt unterschiedliche Vorgänge, mit denen Fremdkörper eliminiert werden. Man kann diese in humorale und die zellulären Reaktionen unterteilen.

Humorale Reaktionen:

Die humoralen Reaktionen können in Reaktionen des angeborenen und des adaptiven Immunsystems untergliedert werden. Die Antikörperreaktion, die zum adaptiven System gehört, stellt einen wesentlichen Bereich der humoralen Reaktionen dar. Es gibt aber auch unterschiedliche humorale Reaktionen des angeborenen Immunsystems:

Werden körpereigene Zellen verletzt oder verdrängen Tumorzellen gesundes Körpergewebe, werden Substanzen freigesetzt, die dazu führen, dass das umliegende Gewebe stärker durchblutet wird und die Blutgefäße durchlässiger werden, damit Immunzellen einwandern können (basophile Granulocyten setzen Histamin und Serotonin frei).

Das Komplementsystem (Proteine im Blut) wird durch Keime und Antikörper aktiviert. Es entstehen Spaltprodukte, die die Membranen von Pathogenen zerstören.

Zelluläre Reaktionen:

Neutrophile Granulocyten phagocytieren Bakterien und zersetzen sie.

Eosinophile Granulocyten zerstören parasitierende Würmer.

Monocyten reifen im Gewebe zu Makrophagen heran. Makrophagen erkennen Pathogene, fressen (phagocytieren) und zersetzen sie.

Dendritische Zellen sind in der Lage, extrazelluläre Flüssigkeit (z. B. Toxine) aufzunehmen.

Natürliche Killerzellen eliminieren (cytotoxisch) kranke Zellen.

3.5.2 Das adaptive (spezifische) Immunsystem

Dem angeborenen Immunsystem gelingt es nicht immer, alle Pathogene zu zerstören. Manche Pathogene entkommen der unspezifischen Abwehr des angeborenen Immunsystems (z. B. die Erreger der Tuberkulose lassen sich zwar fressen, können aber nicht verdaut werden und vermehren sich in der Immunzelle weiter). Unser Körper verfügt deshalb zusätzlich über ein erworbenes, spezifisches Immunsystem, das gezielt, also spezifisch, Erreger abtöten kann (das adaptive Immunsystem besitzt außerdem ein „Gedächtnis") (Vorgänge des adaptiven Immunsystems ◘ Abb. 3.11 und ◘ Abb. 3.12).

Die Immunzellen des adaptiven Immunsystems sind die T- und B-Lymphocyten. Vorläufer der T-Zellen entstehen im Knochenmark und werden im Thymus zur T-Zelle ausgebildet (geprägt). Vorläufer der B-Zellen werden in den Knochen ausgebildet (geprägt). Makrophagen und dendritische Zellen wandern nach Kontakt mit Pathogenen ins Lymphsystem und präsentieren den sich dort aufhaltenden Lymphocyten das Antigen.

3.6 Krankheiten

- **(A) Leukämie**

Leukämie ist eine Sammelbezeichnung für Krebserkrankungen des Blutes. Bei allen Arten vermehren sich unreife Vorstufen der Leukocyten und breiten sich im Knochenmark aus. Hierdurch kommt es zur Störung der normalen Blutbildung.

- **(B) Thrombose**

Bildung eines Blutgerinnsels an der Venen- oder Arterienwand. Bei einer Thrombose bestehen die Gefahr eines Verschlusses des Blutgefäßes und die Gefahr einer Embolie. Eine Embolie ist die Verlegung eines Blutgefäßes durch ein im Blut schwimmendes Gebilde.

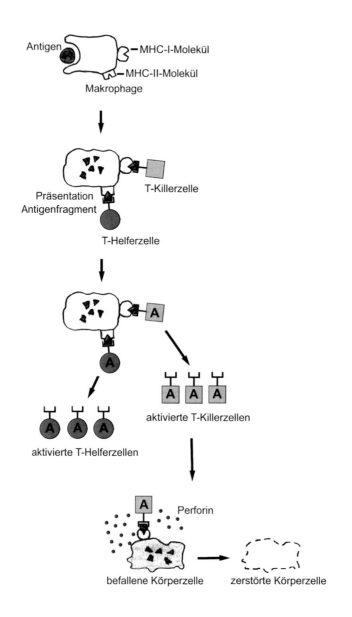

Antigen
—MHC-I-Molekül
—MHC-II-Molekül
Makrophage

Präsentation
Antigenfragment
T-Killerzelle
T-Helferzelle

aktivierte T-Killerzellen

aktivierte T-Helferzellen

Perforin

befallene Körperzelle   zerstörte Körperzelle

Abbildung zum Beschriften
Beschreiben Sie die Abläufe (Zusatzliteratur notwendig!)

◘ **Abb. 3.11** Spezifische (adaptive) Immunreaktion I: Diese Abbildung und ◘ Abb. 3.12 „Spezifische (adaptive) Immunreaktion II" beschreiben im Gesamten die spezifische Immunreaktion.

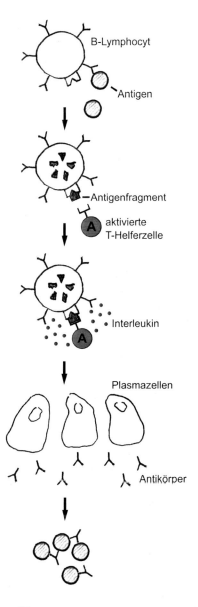

B-Lymphocyt

Antigen

Antigenfragment

aktivierte
T-Helferzelle

Interleukin

Plasmazellen

Antikörper

Abbildung zum Beschriften
Beschreiben Sie die Abläufe in den einzelnen Abbildungen (Zusatzliteratur notwendig!)

◘ Abb. 3.12 Spezifische (adaptive) Immunreaktion II: Die Abbildung gehört mit ◘ Abb. 3.11 „Spezifische (adaptive) Immunreaktion I" zusammen. Beide Abbildungen im Gesamten beschreiben die spezifische Immunreaktion.

Wundverschluss (Blutgerinnung)

Nach einer Verletzung (◘ Abb. 3.13) regen chemische Stoffe das Blutgefäß dazu an, sich zu verengen. Hierdurch kann weniger Blut aus der Wunde austreten. Thrombocyten (Blutplättchen) lagern sich an den Wundrändern an und verschließen sie. Faktoren bewirken, dass sich das wasserlösliche Bluteiweiß Fibrinogen in das wasserunlösliche fadenartige Fibrin umwandelt. Dadurch entsteht an der verletzten Stelle ein Netz aus Fibrin. Die Lücken (Maschen) des Fibrinnetzes werden mit roten und weißen Blutzellen gefüllt und dadurch verschlossen.

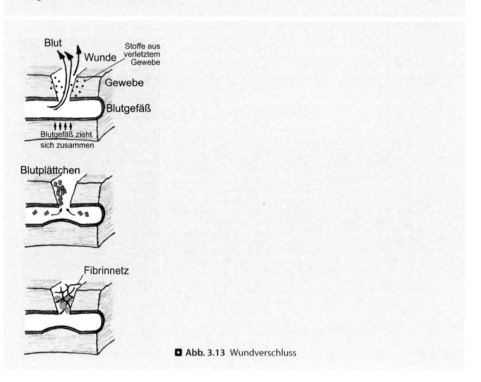

◘ **Abb. 3.13** Wundverschluss

- **(C) Herzinfarkt**

Durch eine anhaltende Mangeldurchblutung der Herzmuskulatur kommt es zum Absterben von Herzmuskelgewebe. Oft liegt bei Betroffenen eine arteriosklerotische Gefäßverengung der Herzkranzgefäße vor. Kommt Anstrengung, körperlicher oder psychischer Stress hinzu, benötigt das Herz mehr Sauerstoff, den es aber nicht bekommen kann, es kommt zur Mangelversorgung. Eine Ursache können auch anhaltende Spasmen (Verkrampfungen) der Herzkranzgefäße sein.

❓ **1. Erklären/definieren Sie die folgenden Begriffe**

Antigen

Antigenfragment

Antikörper

Aorta

Aortenbogen

Arterie

Arteriole

AV-Knoten
Blutkörperchen
Blutplasma
B-Lymphocyt
Diastole
Erythrocyt
Fibrinogen
Filtration
Gedächtniszelle
Hämoglobin
Herzkammer
Herzscheidewand
His-Bündel
humorale Reaktion
Immunreaktion
Interleukine
Interstitium
Kapillare
kolloidosmotischer Druck
Körperkreislauf
Leukocyt
Lungenarterie
Lungenkreislauf
Lungenvene
Lymphgefäß
Lymphkapillare
Lymphknoten
Lymphocyt
Makrophage
Milchbrustgang
Perforin
Plasmazelle
Purkinje-Fasern
Reabsorption
rotes Knochenmark
Segelklappe
Sinusknoten
spezifische Reaktion
Systole
Taschenklappe
Tawara-Schenkel
T-Helferzelle
Thrombocyt
T-Killerzelle
T-Lymphocyt
unspezifische Reaktion
Vene

Venole
Vorhof
Windkesselfunktion der Aorta
zelluläre Reaktion

❷ 2. Wiederholungsfragen und Wiederholungsaufgaben

Herz:
1. Wie ist das Herz aufgebaut?
2. Wie funktioniert die Reizleitung des Herzens?
3. Erklären Sie den Weg eines Blutkörperchens von der Hohlvene bis zum Aortenbogen.
4. Wie funktioniert das Herz?
5. Welche Drücke werden in den Herzkammern aufgebaut? Warum?

Kreislauf:
1. Wie ist eine Vene gebaut?
2. Wie ist eine Arterie gebaut?
3. Wie wird das Blut in den Venen angetrieben?
4. Wie wird das Blut in den Arterien angetrieben?
5. Wie gelangen die Stoffe zu den Zellen (aus dem Blut)?
6. Wie kommt es zum diastolischen Blutdruckwert?

Blut:
1. Wie ist das Blut zusammengesetzt?
2. Wo werden die einzelnen Blutkörperchen gebildet?
3. Was sind die Aufgaben der einzelnen Blutkörperchen?
4. Was sind die Aufgaben des Blutes?

Lymphe und Lymphsystem:
1. Wie entsteht die Lymphe?
2. Aus was besteht Lymphe?
3. Warum wird ein Lymphsystem benötigt?
4. Wie wird die Lymphe ins Blut zurücktransportiert? Wo gelangt sie ins Blut?
5. Was sind die Aufgaben der Lymphe?

Immunsystem:
1. Wie funktioniert die unspezifische Immunreaktion?
2. Wie funktioniert die spezifische Immunreaktion?
3. Wozu benötigt der Körper Gedächtniszellen?
4. Was ist die Antigen-Antikörper-Reaktion?
5. Wo werden die Immunzellen gebildet und gespeichert?

❷ 3. Vertiefung und Vernetzung mit Zoologie und Botanik
1. Wie wirkt das vegetative Nervensystem auf Herz und Kreislauf ein?
2. Welche Herz-Kreislauf-Systeme gibt es im Tierreich?
3. Hat eine Pflanze ein Kreislaufsystem (oder etwas Vergleichbares)? Erklären Sie dieses.
4. Welche Arten von Blut gibt es im Tierreich?
5. Wie funktioniert die Wundheilung?

Ergänzende Literatur

Campbell NA, Kratochwil A, Lazar T, Reece JB (2009) Biologie. Pearson, München (8., aktualisierte Aufl. [der engl. Orig.-Ausg., 3. Aufl. der dt. Übers.])

Faller A, Schünke M (1999) Der Körper des Menschen. Einführung in Bau und Funktion, 13. Aufl. Thieme, Stuttgart

Rink L, Kruse A, Haase H (2012) Immunologie für Einsteiger, 1. Aufl. Springer Spektrum, Heidelberg

Schmidt RF, Lang F, Heckmann M (Hrsg) (2010) Physiologie des Menschen. Mit Pathophysiologie, 31. Aufl. Springer, Heidelberg

Trebsdorf M (2011) Biologie, Anatomie, Physiologie. Lehrbuch und Atlas, 12. Aufl. Europa-Lehrmittel, Haan-Gruiten

Seite für eigene Notizen

Seite für eigene Notizen

Bewegung

Armin Baur

A. Baur, *Humanbiologie für Lehramtsstudierende*,
DOI 10.1007/978-3-662-45368-1_4, © Springer-Verlag Berlin Heidelberg 2015

Bewegung oder Motorik wird im Wesentlichen von zwei Systemen ermöglicht: Dem passiven Bewegungsapparat (Knochen, Bänder und Gelenke) und dem aktiven Bewegungsapparat (Sehnen und Muskeln).

4.1 Physikalische Grundlagen

Damit der Bewegungsvorgang etwas besser zu verstehen ist, ist das Verständnis einer einfachen physikalischen Grundlage, „das Hebelgesetz", erforderlich.

Jeder von uns hat als Kind schon einmal auf einer Wippe gesessen und hat dabei erste Erfahrungen mit dem Hebelgesetz gemacht.

Das Hebelgesetz besagt, dass eine Wippe im Gleichgewicht ist, wenn das *Drehmoment* auf beiden Seiten gleich groß ist. In Bild ◘ Abb. 4.1 ist dies gegeben, da beide Personen gleich schwer sind und gleich weit vom Drehpunkt entfernt sind.

Wird die Sitzposition einer Person verändert, wird das Gleichgewicht zerstört ◘ Abb. 4.2.

Das Drehmoment ist also vom Abstand zum Drehpunkt abhängig. In ◘ Abb. 4.2 ist das Gewicht beider Personen gleich groß, der Abstand zum Drehpunkt aber unterschiedlich. Das Drehmoment links ist kleiner als rechts. In ◘ Abb. 4.3 ist der Abstand der Personen zum Drehpunkt gleich, das Gewicht aber verschieden.

Das Drehmoment ist also vom Gewicht und vom Abstand zum Drehpunkt abhängig. Man verwendet zur Berechnung des Drehmomentes nicht das Gewicht, sondern die Kraft, die auf einen Punkt der Wippe (des Hebels) einwirkt. Das rechte Drehmoment wird berechnet, indem man die Kraft, die rechts nach unten zieht, mit dem Abstand des Punktes, von dem aus sie wirkt, zum Drehpunkt multipliziert: Drehmoment rechts $M_{Rechts} = F \cdot l$; F = Kraft, die nach unten wirkt; l = Abstand zum Drehpunkt. Das linke Drehmoment wird analog berechnet. Sind M_{Rechts} und M_{Links} gleich groß, befindet sich die Wippe im Gleichgewicht. Ist eines der Produkte größer, wird die Wippe bewegt.

Das Hebelgesetz gilt auch für einen Hebel, der eine halbe Wippe darstellt (◘ Abb. 4.4). An diesem Hebel können Kräfte in unterschiedliche Richtungen ansetzen; nach oben und nach unten. Ist das Drehmoment nach unten gleich dem Drehmoment nach oben, ist der Hebel im Gleichgewicht.

Innerhalb des Bewegungssystems gilt ebenfalls das Hebelgesetz (◘ Abb. 4.5). Die Sehnen des Muskels greifen in einem gewissen Abstand vom Gelenk (= Drehpunkt) am Knochen (= halbe Wippe) an. Somit ist Bewegung möglich, und es muss weniger Kraft aufgewendet werden, um etwas z. B. nach oben zu bewegen (Drehmoment = Abstand der Sehne zum Gelenk multipliziert mit der eingesetzten Kraft).

4.2 Der passive Bewegungsapparat

4.2.1 Knochen

Der passive Bewegungsapparat besteht aus Knochen und knorpeligen Skelettelementen. Knochen unterscheiden sich von Knorpel durch:

- Festigkeit: Knorpelgewebe ist biegsam und weich.
- Enthaltene Blutgefäße: Knorpelgewebe enthält keine Blutgefäße.

Die Knochen sind nicht nur für die Fortbewegung (Lokomotion) wichtig, sie sind auch wichtig:

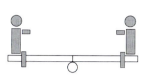

◘ Abb. 4.1 Wippe im Gleichgewicht

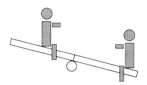

◘ Abb. 4.2 Wippe ist nicht mehr im Gleichgewicht

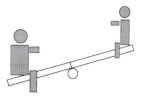

◘ Abb. 4.3 Wippe ist nicht im Gleichgewicht

◘ Abb. 4.4 Wippe im Gleichgewicht

Die Kraft nach unten ist kleiner als die Kraft nach oben, dafür ist aber der Abstand zum Dehpunkt bei der kleineren Kraft größer. Das Drehmoment ist gleich groß.

Die Sehnen des Bizeps und Trizeps greifen nicht direkt am Drehpunkt an, sie haben einen kleinen Abstand zum Gelenk. Das Hebelgesetz wird ausgenutzt.

◘ Abb. 4.5 Oberarm

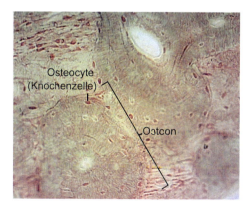

◘ Abb. 4.6 Knochen quer, 150-fach vergrößert

- für den Schutz von Organen: z. B. Schädel für das Gehirn, Rippen für die Lunge und das Herz.
- als Speicher für Calcium (Ca^{2+}) und Hydrogenphosphat (HPO_4^{2-}).
- die Bildung von Blutkörperchen: im roten Knochenmark werden Blutkörperchen (Erythrocyten, Leukocyten und Thrombocyten) gebildet ($\uparrow$ Herz, Kreislauf, Blut und Lymphe – Blut).

Ein Knochen unterliegt ständigen Veränderungen. Neue Osteone (Osteon = Grundelement des kompakten Knochens, siehe ◘ Abb. 4.6) werden angelegt und alte Osteone abgebaut. Osteone

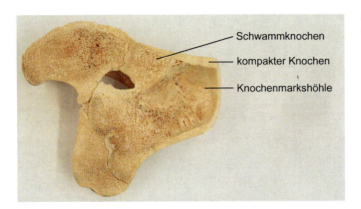

◘ Abb. 4.7 Endabschnitt eines Röhrenknochens

Schwammknochen

kompakter Knochen

Knochenmarkshöhle

bestehen aus Knochenzellen (Osteocyten) und aus einer extrazellulären Kollagenmatrix (extrazellulär bedeutet außerhalb der Zelle), in die die Salze (Ca^{2+} und HPO_4^{2-}) eingelagert sind. Man kann Schwammknochen und kompakte Knochen unterscheiden. Ein kompakter Knochen besitzt eine festere Struktur. Ein Röhrenknochen besteht aus einem Anteil Schwammknochen und einem Anteil kompakten Knochens (siehe ◘ Abb. 4.7). Die feste Struktur ist so angeordnet, dass sie die bestmögliche Statik bietet. Ein Knochen ist nicht komplett von Knochengewebe ausgefüllt, in ihm befindet sich auch ein Hohlraum, in welchem Knochenmark enthalten ist.

4.2.2   Das Skelett

Das menschliche Skelett (◘ Abb. 4.8) besteht aus ca. 200 Knochen, die zum Teil mit Bändern verbunden sind.

Das Skelett kann grob in das Kopf-, Arm-, Beinskelett, Schultergürtel, Brustkorb, Wirbelsäule und Beckengürtel untergliedert werden.

4.2.3   Gelenke

Gelenke können in *echte* und *unechte Gelenke* unterschieden werden. An unserem Körper kann man unterschiedliche echte Gelenke finden. Sie lassen sich vereinfacht in vier Kategorien aufteilen (◘ Abb. 4.9).

Echte Gelenke zeichnen sich dadurch aus, dass sie einen Gelenkspalt zwischen den Knochen besitzen. Der Gelenkspalt ist in eine Gelenkkapsel eingeschlossen. Die äußere Membran der Gelenkkapsel wird oft durch Bänder verstärkt. Bei unechten Gelenken sind die Knochen mit einem Füllgewebe (Knorpel, Band, Knochen) miteinander verbunden (es gibt keinen Gelenkspalt). Beispiele für unechte Gelenke sind: die Zwischenknochenmembran zwischen Elle und Speiche, die faserknorpeligen Bandscheiben zwischen den Wirbeln, die knöchernen Verbindungen des Kreuzbeins.

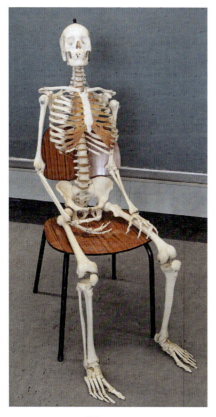

Abbildung zum Beschriften
Benennen Sie die Skelettteile

☐ **Abb. 4.8** Menschliches Skelett

Gelenktyp	Bild	Beispiele und Funktion
Kugelgelenk	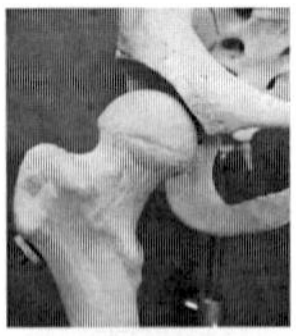	Schultergelenk, Hüftgelenk *Bewegungsmöglichkeit: Drehbewegung, Links-Rechts, Beugen-Strecken*
Scharniergelenk	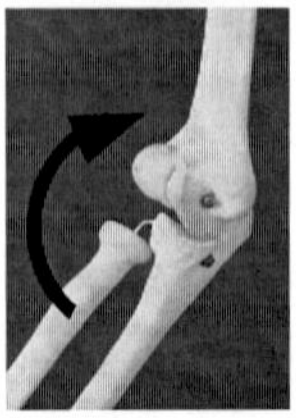	Ellenbogengelenk, Kniegelenk *Bewegungsmöglichkeit: Beugen-Strecken*
Drehgelenk	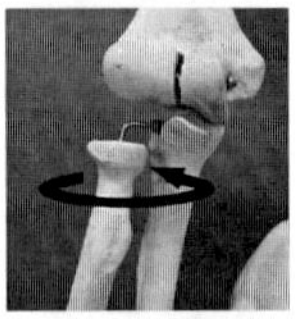	Elle-Speiche *Bewegungsmöglichkeit: Drehbewegung*
Sattelgelenk	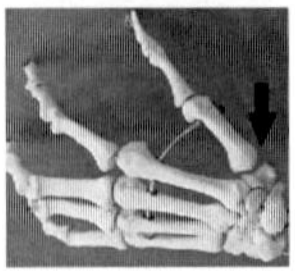	*Daumengelenk, Fingergelenk* *Bewegungsmöglichkeit : Links-Rechts, Beugen-Strecken*

◘ **Abb. 4.9** Gelenke

4.3   Der aktive Bewegungsapparat

4.3.1   Aufbau eines Muskels

Ein Muskel der quergestreiften Muskulatur (Skelettmuskulatur) besteht aus vielen langen Muskelfasern. Eine Muskelfaser (= Muskelzelle) enthält mehrere Zellkerne. Sie ist aus vielen Sarkomeren aufgebaut (siehe ◘ Abb. 4.10). Ein Sarkomer besteht aus Actin und Myosin (↑ unten Gleitfilamenttheorie). Die namengebende, durch die Sarkomere entstehende Querstreifung ist unter dem Mikroskop sichtbar (◘ Abb. 4.11).

Die Muskelfasern sind an ihren Enden mit Sehnenfasern verzahnt. Sehnen verbinden die Muskeln mit dem Skelett. Eine Sehne ist aus zugfestem Gewebe (Kollagen) aufgebaut.

4.3.2   Aktivierung des Muskels

Wird vom Zentralnervensystem (↑ Nervensystem) ein Impuls an den Muskel gesendet, gelangt dieser über ein Aktionspotenzial (↑ Nervensystem) zur motorischen Endplatte (◘ Abb. 4.12). Die motorische Endplatte besteht aus der Nervenendigung eines Motoneurons (↑ Nervensystem), einem synaptischen Spalt und einem Abschnitt der Muskelfaser. Ein Motoneuron (Nervenfaser) ist normalerweise mit mehreren Muskelfasern eines Muskels verbunden (= motorische Einheit). Ein Muskel wird jedoch von mehreren unterschiedlichen Motoneuronen gesteuert, was die Bedeutung hat, dass die Stärke der Muskelkontraktion von

□ Abb. 4.10 Aufbau eines Muskels

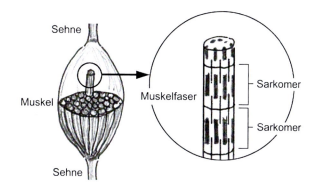

□ Abb. 4.11 Muskelfasern des Menschen längs, 600-fach vergrößert

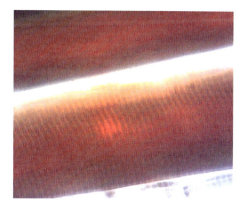

der Anzahl der eingesetzten Muskelfasern (motorischen Einheiten) und von der Frequenz der Aktionspotenziale abhängt. So kann das Zentralnervensystem über die Anzahl der verwendeten Motoneuronen und über die Häufigkeit der Impulse die Stäke der Muskelanspannung regulieren.

Kommt ein Impuls vom Zentralnervensystem über das Motoneuron zur Nervenendigung, werden aus dieser Transmitter (Acetylcholin ACh) freigesetzt, die über den synaptischen Spalt wandern und an Rezeptoren der Muskelfaser binden. Dies führt zu einem Aktionspotenzial in der Muskelfasermembran, das sich nach innen ausbreitet und das sarko plasmatische Reticulum (SR) veranlasst, Calcium (Ca^{2+}) in das Zellplasma der Muskelfaser auszuschütten. Das sarkoplasmatische Reticulum ist ein Speicherort für Ca^{2+} innerhalb der Muskelfaser. Das ausgeschüttete Ca^{2+} ermöglicht, dass sich der Muskel kontrahieren kann. Nach Beendigung der Muskelkontraktion wird das Ca^{2+} wieder zurück ins sarkoplasmatische Reticulum gepumpt.

4.3.3 Gleitfilamenttheorie

Nach der Gleitfilamenttheorie wird die Muskelkontraktion durch das Zusammenspiel von Actin und Myosin erzeugt. Manche sprechen auch vom Gleitfilamentmodell, da die Theorie weitgehend bestätigt ist. Das aus dem sarkoplasmatischen Reticulum einströmende Ca^{2+} verursacht am Actin freie Myosinbindungsstellen. Solange diese Bindungsstellen „blockiert" sind, kann keine Muskelkontraktion stattfinden.

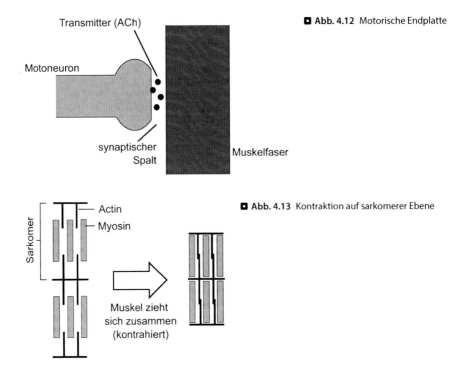

◘ Abb. 4.12 Motorische Endplatte

◘ Abb. 4.13 Kontraktion auf sarkomerer Ebene

Der Muskel kontrahiert sich, indem sich das Myosinköpfchen (Actin und Myosin siehe ◘ Abb. 4.13 bzw. ◘ Abb. 4.14) mit ATP verbindet (Ein Myosinfilament besitzt sehr viele Myosinköpfchen). Durch die Verbindung löst sich zunächst das Myosinköpfchen vom Actin und danach verändert sich die Form des Myosinköpfchens durch die Aufspaltung von ATP zu ADP und P_i (siehe ◘ Abb. 4.14, Bild 3). Das Myosinköpfchen verbindet sich nun – falls die Bindungsstellen frei sind (also wenn Ca^{2+} eingeströmt ist) – mit Actin. Hierzu setzt es sich an einer Bindungsstelle des Actins fest. Nach dem Festsetzen gibt das Myosinköpfchen $ADP + P_i$ ab. Dies führt wiederum zur Formveränderung des Myosinköpfchens (siehe ◘ Abb. 4.14, Bild 5). Durch die Formveränderung ziehen sich Myosin und Actin ineinander. Nach der Formveränderung und erneuter ATP-Anbindung löst sich das Myosinköpfchen vom Actin. Diese Reaktion erfolgt immer wieder, solange Ca^{2+} vorhanden ist und hierdurch die Bindungsstellen freigehalten werden. Wird das Ca^{2+} wieder in das sarkoplasmatische Reticulum befördert, endet die Kontraktion.

4.3.4   Bewegungsvorgang am Beispiel des Armes

Beugen des Armes:
1. Der Bizeps kontrahiert (↑ Gleitfilamenttheorie), er wird hierdurch kürzer und dicker. Der Trizeps erschlafft hierbei.
2. Durch die Verkürzung entsteht ein Zug an den zugfesten Sehnen, der zur Schulter hin gerichtet ist.
3. Da der Unterarm durch das Ellenbogengelenk beweglich ist, bewegt sich der Unterarm in Richtung Oberarm (↑ Hebelgesetz). Der Arm beugt sich.

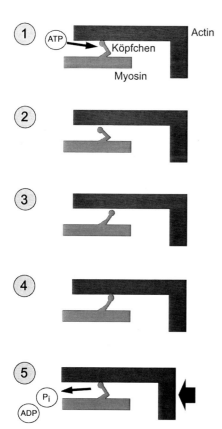

Abbildung zum Beschriften
Beschreiben Sie die Abläufe in den einzelnen Abbildungen

◻ **Abb. 4.14** Gleitfilamenttheorie

Muskelfasern

Die Muskelfasern der Skelettmuskulatur lassen sich in weiße (glykolytische) und in rote (oxydative) Muskelfasern unterscheiden. Die roten Muskelfasern betreiben aerobe Atmung – ATP-Aufbau durch Verbrauch von O_2. Rote Muskelfasern besitzen viele Mitochondrien (↑ Ernährung/Verdauung – Atmungskette), sind stark durchblutet und beinhalten sauerstoffspeicherndes Myoglobin. Es gibt zwei Arten von roten Muskelfasern: die langsamen, aber ausdauernden und die aus weißen Muskelfasern entstandenen schnellen roten Muskelfasern (Intermediärtyp). Weiße Muskelfasern ermüden rasch, sind aber sehr schnell. In den weißen Muskelfasern wird ATP anaerob durch Glykolyse (↑ Ernährung/Verdauung – Glykolyse) gewonnen. Weiße Muskelfasern enthalten wenige Mitochondrien und wenig Myoglobin. Sie produzieren durch ihre anaerobe ATP-Gewinnung viel Milchsäure. Intermediäre rote Muskelfasern sind schnell und ausdauernd.

Entstehung von Milchsäure: Pyruvat nimmt zwei Wasserstoffatome des $NADH + H^+$ auf → (es entsteht) Milchsäure und NAD^+. Die Reaktion ist bei anaerober Energiegewinnung notwendig, um ständig NAD^+ für die Glykolyse zur Verfügung zu haben.

Strecken des Armes:
1. Der Bizeps erschlafft und der Trizeps kontrahiert sich.
2. Es entsteht ein Zug an den Sehnen des Trizepses.
3. Der Unterarm bewegt sich nach unten. Der Arm streckt sich.

4.4   Krankheiten

- **(A) Glasknochenkrankheit (Osteogenesis imperfecta)**

Diese angeborene (vererbbare) Krankheit führt zu vielen Knochenbrüchen, da eine Störung der Osteoblasten vorliegt. Es gibt zwei Zelltypen, die beim Knochenwachstum – bei der Knochenbildung – mitwirken: die Osteoklasten und die Osteoblasten. Die Osteoklasten sind knochenresorbierende Zellen, die das Knochengewebe abbauen. Die Osteoblasten sind knochenbildende Zellen. Beide Zelltypen arbeiten kontinuierlich in unserem Körper und passen die Knochen immer wieder aufs Neue den Bedürfnissen/Bedingungen an.

- **(B) Tetanus (Wundstarrkrampf)**

Tetanus ist eine Infektionskrankheit, die durch Bakterien (*Clostridium tetani*) ausgelöst wird. Die Sporen des Bakteriums befinden sich in der Gartenerde, in Straßenstaub oder an unterschiedlichen Gegenständen (Nägel, Dornen, Holzsplitter). Kommt es bei Verletzungen zum Kontakt mit den Sporen, kann der Erreger in den Körper eindringen. Das Bakterium sondert Giftstoffe ab (Tetanolysin und Tetanospasmin). Tetanospasmin stört die Freisetzung von Neurotransmittern im Rückenmark. Hierdurch kommt es zur unkontrollierten Aktivierung und dadurch zu Muskelkrämpfen.

? 1. Erklären/definieren Sie die folgenden Begriffe

Actin
Bänder
Drehgelenk
Gelenk
Kugelgelenk
Muskelfaser
Myosin

Sarkomer

Sattelgelenk

Scharniergelenk

Sehne

Z-Scheibe

❓ 2. Wiederholungsfragen und Wiederholungsaufgaben

1. Welche Gelenkarten gibt es? In welche Richtungen sind sie bewegbar?
2. Wie ist ein Gelenk aufgebaut?
3. Welche Aufgaben haben Sehnen und Bänder?
4. Was besagt die Gleitfilamenttheorie?
5. Warum gibt es bei den Muskeln einen Gegenspieler? Finden Sie Muskelpaare (Muskel und Gegenspieler).
6. Was passiert, wenn ein Nervenimpuls an den Muskel gelangt, damit sich der Muskel kontrahiert?
7. Die Anatomie unseres Körpers ist so aufgebaut, dass in vielen Bewegungsbereichen das Hebelgesetz ausgenutzt wird. Was ist das Hebelgesetz, was besagt es?

❓ 3. Vertiefung und Vernetzung mit Zoologie und Botanik

1. Wie wird die Bewegung gesteuert?
2. Was ist eine motorische Endplatte? Wie funktioniert sie?
3. Worin unterscheiden sich weiße von roten Muskelfasern?
4. Welche Skelettarten finden sich im Tierreich?
5. Gibt es auch bei Pflanzen Bewegungen?
6. Tiere bewegen sich an Land, unter der Erde, in der Luft und im Wasser. Auf was müssen sie hier jeweils eingestellt sein (Bedingungen, die vorherrschen) und wie sind sie hieran unterschiedlich angepasst?

Ergänzende Literatur

Campbell NA, Kratochwil A, Lazar T, Reece JB (2009) Biologie. Pearson, München (8., aktualisierte Aufl. [der engl. Orig.-Ausg., 3. Aufl. der dt. Übers.])

Faller A, Schünke M (1999) Der Körper des Menschen. Einführung in Bau und Funktion, 13. Aufl. Thieme, Stuttgart

Martini FH, Timmons MJ, Tallitsch RB (2013) Anatomie Kompaktlehrbuch. Pearson, München (6., aktualisierte Aufl.)

Seite für eigene Notizen

Seiten für eigene Notizen

✏️ Seite für eigene Notizen

Sinnesorgane

Armin Baur

A. Baur, *Humanbiologie für Lehramtsstudierende*,
DOI 10.1007/978-3-662-45368-1_5, © Springer-Verlag Berlin Heidelberg 2015

Um Informationen aus unserer Umwelt und aus unserem Körper aufzunehmen, besitzen wir Sinnesorgane. Früher hat man sich auf die Sinne der Umwelt beschränkt und daher nur fünf Sinnesorgane angeführt: die Haut, die Zunge, die Nase, das Auge und das Ohr. Es gibt aber auch Sinnesrezeptoren in unserem Körper, die Blutdruck, pH-Wert, Schmerz und Ähnliches erfassen. Die inneren und äußeren Sinnesorgane (Sinnesrezeptoren) nehmen Reize wahr und wandeln diese in Impulse um, die ans Gehirn geleitet werden (↑ Nervensystem).

Nachfolgend wird exemplarisch auf drei äußere Sinnesorgane näher eingegangen: das Auge, das Ohr und die Haut.

5.1   Auge

5.1.1   Grundlagen Optik

Wenn wir einen Gegenstand sehen, liegt das daran, dass das von diesem Gegenstand abgegebene Licht in unser Auge fällt und dort Sehsinneszellen (Sehzellen, Photorezeptoren) erregt. Alle Gegenstände, die wir sehen, müssen zuvor von einer Lichtquelle (Sonne, Lampe etc.) bestrahlt werden, damit sie selbst Licht abgeben können. In kompletter Dunkelheit können wir Gegenstände nicht sehen. Ein Gegenstand absorbiert, wenn er bestrahlt wird, einen Teil des Lichtes und einen Teil reflektiert er. Der Lichtanteil, der vom Gegenstand nicht absorbiert, sondern reflektiert wird, gibt dem Gegenstand seine Farbe. Das weiße Licht besteht aus allen Spektralfarben. Die Farben, die vom Gegenstand absorbiert werden, fehlen nun beim Licht, welches reflektiert wird. Daher ist das reflektierte Licht außer bei weißen Gegenständen, nicht mehr weiß.

Bsp.: Ein roter Pfeil absorbiert alle Spektralanteile des weißen Lichtes außer dem roten Anteil, dieser wird reflektiert.

Von jedem Punkt des Gegenstandes werden Lichtstrahlen in alle möglichen Richtungen reflektiert (◘ Abb. 5.1), was es uns ermöglicht, den Gegenstand von unterschiedlichen Positionen aus zu sehen.

Hält man vor den Gegenstand eine dünne Platte, in der ein kleines Loch ist (eine Blende), dann können von jedem Gegenstandspunkt nur wenige Lichtstrahlen durch dieses Loch hindurchstrahlen (siehe ◘ Abb. 5.2). Stellt man hinter die Blende eine weiße Platte (Schirm), dann werden hierauf die hindurchdringenden Gegenstandslichtstrahlen abgebildet. Ist das Loch sehr klein und der Abstand des Schirms richtig gewählt, entsteht ein scharfes Bild des Gegenstandes. Dieses Bild ist jedoch umgedreht (auf dem Kopf und seitenverkehrt), was durch die Projektion entsteht (siehe ◘ Abb. 5.2).

Wird zwischen den Gegenstand und einen Schirm eine Linse (bikonvex) gebracht (◘ Abb. 5.3), kann auch so der Gegenstand abgebildet werden. Durch die Linse werden mehrere Lichtstrahlen eines Gegenstandpunktes zu einem Lichtstrahl zusammengeführt. Der Bildpunkt wird hierdurch stärker (intensiver) und dadurch sichtbar.

5.1.2   Anatomie des Auges

Das menschliche Linsenauge (◘ Abb. 5.4) wird außen von der Lederhaut (Sclera) umschlossen. Die Lederhaut ist sehr zugfest. An ihr sitzen die Augenmuskeln an, mit der die Augen bewegt werden können. Vorne am Auge befindet sich die durchsichtige Hornhaut (Cornea). Hornhaut und Lederhaut werden zusammen als äußere Augenhaut bezeichnet. Das Auge wird durch

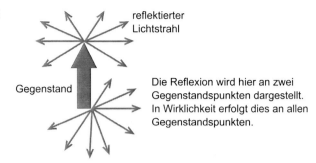

Abb. 5.1 Reflexion am Gegenstand

reflektierter Lichtstrahl

Gegenstand

Die Reflexion wird hier an zwei Gegenstandspunkten dargestellt. In Wirklichkeit erfolgt dies an allen Gegenstandspunkten.

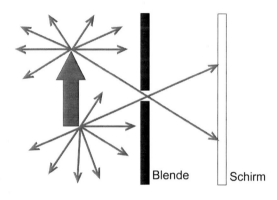

Abb. 5.2 Lochkamera

Blende   Schirm

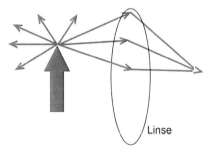

Abb. 5.3 Linse

Linse

die Linse (Lens) und die Iris in drei Kammern unterteilt. Zwischen der Hornhaut und der Iris befindet sich die vordere Augenkammer, zwischen Iris und Linse die hintere Augenkammer und hinter der Linse der Glaskörper. Unter der Lederhaut sitzt zum Glaskörper gerichtet die Aderhaut (Choroidea). Auf der Aderhaut sitzt die Netzhaut (Retina), sie ist mit den Sehsinneszellen (Stäbchen und Zapfen) besetzt (**Abb. 5.5**). Die Linse wird von zugfesten Linsenbändern (Linsenfasern) gehalten, die vom Ringmuskel (Ciliarmuskel) ausgehen. Am hinteren Ende des Auges geht der Sehnerv ab. An der Stelle, an der die Nerven sich zum Sehnerv vereinigen und das Auge verlassen, befindet sich der blinde Fleck, an dem sich keine Sehsinneszellen befinden. Die entstehende „bildleere" Stelle wird vom Gehirn ausgeglichen.

Das menschliche Auge ist ein inverses (umgedrehtes) Auge. Dies bedeutet, dass die Sehsinneszellen auf der vom Licht abgewandten Seite liegen. Das Licht muss zuerst die Nervenfasern

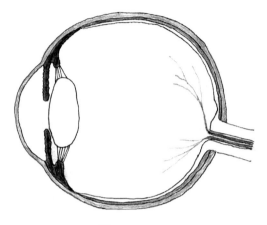

Abbildung zum Beschriften
Benennen Sie die Bestandteile

◻ Abb. 5.4 Augenaufbau

passieren, bevor es zu den Sinneszellen gelangt. Hinter den Sinneszellen liegt das Pigmentepithel, welches noch zur Netzhaut gehört.

5.1.3 Physiologie

- **(A) Iris (Regenbogenhaut)**

Die Iris ist die Blende des Auges (↑ Lochkamera, ◻ Abb. 5.2), in ihrer Mitte befindet sich die Pupille. Die Pupille ist das Loch der „Lochkamera". Bei großer Helligkeit wird die Pupille kleiner. Die Öffnung der Iris (Pupille) wird durch den Schließmuskel, der kreisförmig nahe am Rand der Pupillenöffnung sitzt, verengt. Bei Dunkelheit öffnet sich die Pupille wieder, wodurch mehr Licht ins Auge fallen kann – ein nicht ganz so scharfes Bild wird zugunsten von einem höheren Lichteintritt in Kauf genommen. Das Öffnen der Pupille wird durch Kontraktion des „Erweiterers", der radspeichenartig in der Iris angeordnet ist, hervorgerufen. Den Vorgang der Größeneinstellung der Pupille nennt man *Adaptation*. Die Adaptation wird durch das vegetative Nervensystem gesteuert (↑ Nervensystem – vegetatives Nervensystem). Die Iris ist zur Augeninnenseite hin mit dem Pigmentepithel der Netzhaut überzogen. Die Pigmentschicht macht die Iris für Lichtstrahlen undurchlässig. Die Iris erscheint von außen durch das Pigmentepithel blau (blaue Augen). Bei braunen Augen sind Pigmente in der Iris eingelagert.

 **Abb. 5.5** Netzhautaufbau

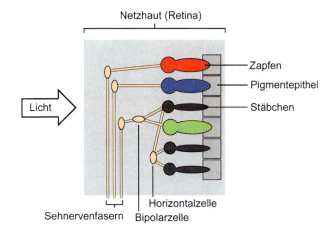

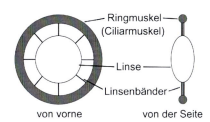

Abb. 5.6 Aufhängung der Linse

▪ (B) Linse

Die Linse bündelt das Licht (↑ ◘ Abb. 5.3) und projiziert es auf die Netzhaut. Hierbei wirken aber auch die Hornhaut und der Glaskörper mit. Alle drei Bestandteile wirken wie eine gemeinsame Linse und bündeln hierdurch das Licht. Die eigentliche Linse (Lens) ist elastisch und ihre Wölbung kann mithilfe des Ringmuskels verändert werden.

▪ (C) Ringmuskel (Ciliarmuskel)

Der Ringmuskel (◘ Abb. 5.6) verformt die Krümmung der Linse. Durch die Krümmung können nahe oder ferne Gegenstände auf der Netzhaut abgebildet werden.

Kontrahiert sich der Ringmuskel, wird der Muskelring kleiner. Hierdurch nimmt der Zug auf die Linsenbänder und hierdurch der Zug auf die Linse ab. Die Linse wird kugelförmig (durch Eigenelastizität). Durch die nun entstehende verstärkte Krümmung können nahe Gegenstände scharf auf die Netzhaut abgebildet werden.

Möchte man einen fernen Gegenstand scharf sehen, erschlafft der Ringmuskel, hierdurch wird der Muskelring wieder größer. Es kommt zum Zug auf die Linsenbänder und dadurch zum Zug auf die Linse, die sich abflacht.

Diesen Vorgang der Nah- und Ferneinstellung nennt man *Akkommodation*.

▪ (D) Lederhaut

Die Lederhaut umschließt den Augapfel, gibt dem Auge Form und schützt es (zusammen mit der Augenhöhle).

■ **(E) Aderhaut**

Die Aderhaut ist mit vielen Blutgefäßen durchzogen. Über die Aderhaut werden die angrenzenden Schichten ernährt.

■ **(F) Netzhaut**

In der Netzhaut liegen die Sehsinneszellen, hier finden sich Stäbchen und drei Arten von Zapfen. Die Stäbchen sind für das Sehen bei dunklem Licht zuständig. Über sie werden keine Farben wahrgenommen, sondern Helligkeit, Form und Bewegungen. Das Sehpurpur (der Sehfarbstoff) der Stäbchen zerfällt bei Tageslicht und kann sich nicht wieder aufbauen. Dies ist erst möglich, wenn es dunkler wird. Die Stäbchen sind im menschlichen Auge um den gelben Fleck herum angeordnet. Im gelben Fleck sind hauptsächlich die Zapfen konzentriert. Auf dem gelben Fleck liegt die Stelle des schärfsten Sehens. Zapfen sind für das Farbensehen zuständig. Bei Dunkelheit reicht die Lichtintensität nicht aus, um sie zu aktivieren. Der Mensch besitzt drei unterschiedliche Zapfen. Zapfen, die rotes Licht wahrnehmen, Zapfen, die grünes Licht wahrnehmen, und Zapfen, die blaues Licht wahrnehmen. Mischfarben entstehen durch gleichzeitige Erregung von unterschiedlichen Zapfenarten. Zum Beispiel wird die Farbe Gelb durch Erregung von Rot- und Grünzapfen wahrgenommen. Das menschliche Auge besitzt ca. 125 Mio. Stäbchen und 6 Mio. Zapfen.

Alle Sehsinneszellen werden durch das gleiche Schema aktiviert, nur passiert dies bei jedem Typ bei einer anderen Lichtwellenlänge. Fällt die spezifische Lichtwelle auf eine Sehsinneszelle, zerfällt im Inneren der Zelle der Sehfarbstoff (Rhodopsin bzw. Jodopsine) zu Opsin und Retinal. Dies führt zum Schließen der Natriumkanäle, woraufhin keine Transmitter (Glutamat) mehr von der Sehsinneszelle ausgeschüttet werden. Nach einer gewissen Zeit baut sich der Sehfarbstoff wieder auf und die Sehsinneszelle kann wieder erregt werden.

Manchmal werden Sehsinneszellen über Horizontalzellen (siehe ❏ Abb. 5.5) verbunden. Horizontalzellen übertragen Signale an weitere Sehsinneszellen, benachbarten Zellen werden dadurch aktiviert und entfernte gehemmt. Dies führt dazu, dass Lichtpunkte heller erscheinen und Kontraste verstärkt werden.

Zur Außenseite hin befindet sich in der Netzhaut das Pigmentepithel. Das Pigmentepithel setzt sich aus Pigmentzellen zusammen. Die Pigmentzellen absorbieren Lichtstrahlen, die nicht auf einen Sehsinnesrezeptor treffen, und verhindern dadurch deren Reflexion. Würden Lichtstrahlen, die nicht auf Sehsinneszellen treffen, reflektiert werden, würden wir ständig Lichtblitze sehen. Über die Pigmentzellen kann zudem die Lichtempfindlichkeit der Netzhaut reguliert werden. Die Pigmentzellen können sich in ihren Ausdehnungen verändern. Sie können sich zwischen die Sehsinneszellen ausdehnen und die Sehsinneszellen umhüllen. Dadurch wird die Lichtempfindlichkeit geringer, was bei starker Helligkeit sinnvoll ist. Ziehen sich die Pigmentzellen zurück, wird die Lichtempfindlichkeit größer.

■ **(G) Augenbraue und Augenlid**

Die Augenbrauen haben die Funktion, Schwitzwasser der Stirn am Auge vorbeizuleiten. Das Augenlid schützt das Auge und „bestreicht" die Hornhaut mit Flüssigkeit (↑ Tränenapparat).

■ **(H) Tränenapparat**

Die Tränendrüsen sitzen auf der von der Nase abgewandten Seite hinter dem oberen Augenlid. Die Tränendrüse bildet Tränenflüssigkeit und gibt diese ständig ab (pro Tag ca. 500 ml). Die Flüssigkeit wird durch den Lidschlag über dem Auge verteilt. Die Tränenflüssigkeit ist desinfizierend, bakterienabtötend und hält die Hornhaut feucht. Die mit der Zeit nach unten fließende Tränenflüssigkeit fließt über die an der Nasenseite liegenden Tränenröhrchen in den

Tränen-Nasengang und von hier in die Nase ab. Wenn wir weinen, produzieren wir zu viel Tränenflüssigkeit und der normale Abfluss ist nicht mehr möglich.

5.1.4 Krankheiten

- **(A) Grüner Star**
Ein hoher Augendruck (im Inneren des Auges), verursacht durch Kammerwasser, führt zur Zerstörung von Sehzellen.

- **(B) Grauer Star**
Trübung der Augenlinse (z. B. durch UV-Strahlen, Verletzung, Diabetes).

- **(C) Alterssichtigkeit**
Die Elastizität der Linse lässt mit der Zeit (mit dem Alter) nach. Daher zieht sich die Linse nicht mehr so stark zusammen. Was bedeutet, dass das Nahsehen nicht mehr so gut gelingt (eine Lesebrille wird notwendig).

- **(D) Kurzsichtigkeit**
Bei der Kurzsichtigkeit ist der Augapfel zu groß (zu lang). Das scharfe Bild wird bei fernen Gegenständen vor den gelben Fleck projiziert (ferne Gegenstände werden unscharf gesehen). Kurzsichtigkeit wird meist bereits im frühen Schulalter entdeckt.

- **(E) Weitsichtigkeit**
Der Augapfel ist zu kurz. Das scharfe Bild wird bei nahen Gegenständen hinter den blinden Fleck projiziert (nahe Gegenstände werden unscharf gesehen). Ein junger Weitsichtiger kann durch Akkommodation kompensieren; bekommt hiervon aber Kopfschmerzen. Die Akkommodationsfähigkeit lässt im Alter nach.

- **(F) Störung des Farbsehens**
Wird meist über das X-Chromosom (rezessiv) vererbt. Männer sind daher häufiger betroffen.

5.2 Ohr

5.2.1 Anatomie

Das Ohr lässt sich in drei Bereiche unterteilen: das Außenohr, das Mittelohr und das Innenohr. Das Außenohr besteht aus der Ohrmuschel, dem äußeren Gehörgang und dem Trommelfell (das streng genommen die Grenze zwischen Außen- und Mittelohr darstellt). Das Mittelohr setzt sich den Gehörknöchelchen (Hammer, Amboss und Steigbügel), der Paukenhöhle und der Ohrtrompete (eustachische Röhre) zusammen. Das ovale Fenster und das runde Fenster grenzen das Mittelohr vom Innenohr ab. Das Innenohr besteht aus der Schnecke (Cochlea) und den Bogengängen (☐ Abb. 5.7). Vom Innenohr führen Nerven ab, die sich zum Hör- und Gleichgewichtsnerv vereinigen und zum Gehirn führen.

Die Schnecke ist aus der Vorhoftreppe (Scala vestibuli), dem Schneckengang (Scala media) und der Paukentreppe (Scala tympani) aufgebaut. Im Schneckengang sitzt das Corti-Organ (siehe ☐ Abb. 5.8), welches das Wahrnehmen und Umwandeln von Tönen in Nervenimpulse

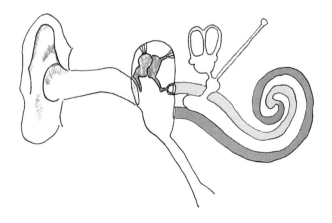

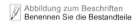
Abbildung zum Beschriften
Benennen Sie die Bestandteile

◘ **Abb. 5.7** Ohraufbau

(das Hören) erst ermöglicht. Die Vorhoftreppe und die Paukentreppe sind mit Perilymphe gefüllt. Der Schneckengang beinhaltet Endolymphe, die im Vergleich zur Perilymphe eine weitaus
höhere Konzentration an K^+-Ionen besitzt.

5.2.2 Physiologie

(I) Hörvorgang

- **(A) Außenohr**

Geräusche, die wir hören, entstehen durch das Anstoßen von Luftmolekülen (unter Wasser
von Wassermolekülen). Die angestoßenen Moleküle lösen rhythmische Verdichtungen der
Luft (des Wassers) aus, die sich ausbreiten (Schallwelle). Die Hörmuschel wirkt beim Hörvorgang als Trichter und fängt diese Schallwellen auf. Über den äußeren Gehörgang gelangen die
Schallwellen zum Trommelfell.

- **(B) Mittelohr**

Die mit dem Trommelfell verbundenen Gehörknöchelchen wandeln die Schallwellen in me-
chanische Schwingungen um und übertragen sie, über das ovale Fenster, auf die Lymphe

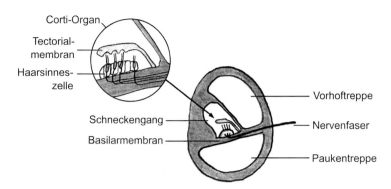

■ Abb. 5.8 Querschnitt der Gehörschnecke

der Gehörschnecke. Die Gehörknöchelchen wirken als Hebel und verstärken den Druck der Schallwelle (↑ Bewegung – Hebelgesetz). Zusätzlich verstärkt noch die Flächendifferenz zwischen dem großen Trommelfell und dem kleinen ovalen Fenster den auf die Lymphe übertragenen Druck. Da der uns umgebende Luftdruck nicht immer konstant ist, muss der Druck im Mittelohr auf den Druck des Außenmediums eingestellt werden, da sonst der Hörvorgang beeinträchtigt wäre. Der Druckausgleich erfolgt über die Ohrtrompete (eustachische Röhre). Die Ohrtrompete ist mit dem Rachenraum verbunden. Erfolgt dieser Druckausgleich nicht schnell genug, nehmen wird dies, z. B. wenn wir auf einen Berg oder in ein Tal fahren, als Ohrendruck wahr.

- **(C) Innenohr**

Die von den Gehörknöchelchen verursachte Welle der Perilymphe breitet sich vom ovalen Fenster weg in Richtung Schneckenspitze (Helicotrema) aus. Von der Schneckenspitze läuft die Welle über die Perilymphe zum runden Fenster, wo ein Druckausgleich stattfindet. Die Perilymphenwelle bewirkt eine Schwingung der Basilarmembran und der Tectorialmembran (die strenggenommen ein Teil der Basilarmembran ist). Durch die Schwingung der Basilar- und Tectorialmembran kommt es zur Bewegung (Scherbewegung) der Haare der Haarsinneszellen (siehe ■ Abb. 5.8) und hierdurch zum Aktionspotenzial, das zur Ausschüttung eines Transmitters führt. Der Transmitter hat wiederum das Aktionspotenzial der anliegenden Nervenzelle zur Folge (↑ Nervensystem – Synapse).

Die Basilarmembran wird zur Schneckenspitze hin breiter und schlaffer – an der Basis (am ovalen Fenster) ist sie steifer als an der Schneckenspitze. Jede Frequenz versetzt die Basilarmembran aufgrund der lokal unterschiedlichen Steifheit an der frequenzspezifischen Stelle in maximale Schwingung. Hohe Frequenzen (hohe Schallwellenanzahl pro Sekunde) an der Basis und niedrige Frequenzen an der Schneckenspitze. Durch diese lokal entstehenden Schwingungen der Basilarmembran können wir unterschiedliche Frequenzen (unterschiedliche Tonhöhen) wahrnehmen. Ein Mensch kann normalerweise Frequenzen zwischen 19.000 Hz und 16 Hz wahrnehmen.

Lautstärke wird über die Stärke der Auslenkung der Haare der Sinneszellen wahrgenommen.

(II) Schwer-, Gleichgewichts- und Drehsinn

Das Ohr ist nicht nur für den Gehörvorgang von Bedeutung, sondern auch ein wichtiges Organ bei der Wahrnehmung der Körperbewegung und unserer Körperlage.

gallertige Membran
mit Kalkstückchen

Haarsinneszelle

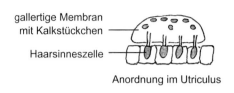

Anordnung im Utriculus

Anordnung im Sacculus

◻ Abb. 5.9 Maculaorgane

Ampulle
Cupula

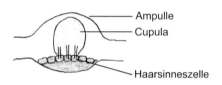

Haarsinneszelle

◻ Abb. 5.10 Ampulle im Bogengang

Im großen Vorhofsäckchen (Utriculus) befinden sich wie auch im kleinen Vorhofsäckchen (Sacculus) Haarsinneszellen, welche die Maculaorgane bilden (◻ Abb. 5.9).

Mithilfe der Maculaorgane können die Lage, die horizontale und die senkrechte Beschleunigung wahrgenommen werden. Kippen wir unseren Körper oder unseren Kopf zur Seite, wird die gallertige Membran im Utriculus durch die Gewichtskraft (Erdanziehung) verschoben. Die Verschiebung führt zu Scherkräften in den Haarsinneszellen und hierdurch zum Aktionspotenzial. Entsprechendes passiert im Sacculus, hier wird durch ein Kippen des Kopfes oder des Körpers der Reiz vermindert. Die kombinierte Information beider Maculaorgane führt zur Lagewahrnehmung. (Zur genauen Lagebestimmung des Körpers wirken zusätzlich noch weitere Signale des Körpers mit.) Die Wahrnehmung von Beschleunigung geschieht über die Trägheit der gallertigen Membran. Fahren wir im Aufzug nach unten, bleibt die Membran des Sacculus aufgrund der Trägheit stehen. Der Reiz auf die Haarsinneszellen wird verändert. Bei horizontaler Beschleunigung kommt es durch Trägheit zur Verschiebung der Membran des Utriculus.

In den ebenfalls mit Lymphe gefüllten drei Bogengängen, die wie ein dreidimensionales Koordinatensystem angelegt sind, befinden sich drei Verdickungen, die Ampullen. In den Ampullen gibt es Haarsinneszellen (◻ Abb. 5.10), die mit einer gallertigen Masse verbunden sind (Cupula). Wird der Kopf gedreht, kommt es durch Trägheit zum „Stehenbleiben" der Lymphe. Die stehende, sich nicht mit drehende Flüssigkeit lenkt die Cupula der entsprechenden Ampullen aus, was zu Scherkräften und hierdurch zu Impulsen der Haarsinneszellen führt.

5.2.3 Krankheiten

- **(A) Tinnitus**

Das ständige Wahrnehmen eines Geräusches, welches keine äußere (reale) Schallquelle hat, bezeichnet man als Tinnitus.

Man unterscheidet zwischen akutem Tinnitus und chronischem Tinnitus. Ein akuter Tinnitus besteht nicht länger als drei Monate.

Es gibt sehr unterschiedliche Ursachen für Tinnitus (bisher wurden 90 Ursachen/Erkrankungen gefunden) beispielsweise Bluthochdruck, Stress, ein Tumor und anderes.

- **(B) Hörsturz**

Ein plötzlicher Ausfall eines Ohres ist ein Hörsturz. Die auslösenden Ursachen sind noch unklar.

- **(C) Mittelohrentzündung**

Bei der Mittelohrentzündung gelangen Viren oder Bakterien in das Mittelohr (über die Ohrtrompete „eustachische Röhre"). Die Schleimhäute der eustachischen Röhre und des Mittelohres entzünden sich. Es kommt zu Ohrenschmerzen, Ohrendruck, Fieber und einem Schwindelgefühl.

Das durch Entzündung gebildete Sekret kann sich hinter dem Trommelfell aufstauen und das Trommelfell zum Reißen bringen.

Abbildung zum Beschriften
Benennen Sie die Bestandteile

☐ **Abb. 5.11** Hautaufbau

5.3   Haut

5.3.1   Anatomie

Die Haut (◼ Abb. 5.11) ist aus drei Hauptschichten aufgebaut: die Oberhaut (Epidermis), die Lederhaut (Dermis) und die Unterhaut (Subcutis). In der Haut finden sich viele Rezeptoren, die unterschiedlichste Informationen aufnehmen (↑ Rezeptoren der Haut).

Durchdringt man die Haut von außen nach innen, dann trifft man zuerst auf die Oberhaut. Die Oberhaut ist wiederum in drei Schichten aufgebaut. Die äußerste Schicht ist die Hornschicht. Die Hornschicht besteht aus verhornten Zellen (abgestorbene und mit Keratin gefüllte Zellen), die äußere Fläche der verhornten Zellen wird immer wieder abgescheuert (Hornschuppen). Unter der Hornschicht befindet sich die Hornbildungsschicht. In der Hornbildungsschicht verhornen die aus der Regenerationsschicht kommenden Zellen. Dies bedeutet, dass die Zellen ihren Zellkern verlieren, ihre Form abflachen und in der Zelle Keratin (ein Protein) angereichert wird. Der Hornbildungsschicht schließt sich die Regenerationsschicht an. In ihr teilen sich ständig Zellen, die dann in Richtung Hornschicht wandern und in der Hornbildungsschicht umgewandelt werden. Die Lebensdauer solch einer durch Teilung entstandenen Zelle beträgt ca. vier Wochen (bis sie dann als Hornschuppe abgescheuert wird). In der Regenerationsschicht sind auch Melanocyten (Pigmentzellen) eingebettet. Melanocyten sind in der Lage, mithilfe ihres Pigments Melanin, UV-Licht zu absorbieren. Setzen wir unseren Körper einer extremen Sonneneinstrahlung aus, bildet sich in den Melanocyten vermehrt das Pigment Melanin (wir werden brauner).

Unter der Oberhaut sitzt die Lederhaut. Die Lederhaut setzt sich aus der Papillarschicht und der Geflechtschicht zusammen. Die Papillarschicht bildet durch ihre Form eine große Oberfläche, über die sie die Oberhaut verankert. Die Lederhaut verankert die Oberhaut nicht nur, sondern versorgt sie auch mit Nährstoffen. Hierzu ist sie mit vielen Kapillaren (feine Blutgefäße) ausgestattet. In der Geflechtschicht sind viele elastische Fasern enthalten (Kollagen). Sie machen die Haut elastisch und straff. In der Schwangerschaft kann es zum Reißen solcher Fasern kommen, wenn sie dem hohen Druck des sich ausdehnenden Bauches nicht standhalten. Was zurückbleibt sind dann so genannte Schwangerschaftsstreifen.

Die unterste Schicht der Haut ist die Unterhaut. Die Unterhaut enthält viele Fettzellen. Fettzellen sind in gesunder Anreicherung für den Körper wichtig. Fett ist ein guter Isolator, eine Polsterung gegen Stöße von außen und ein Energiespeicher. Die Unterhaut grenzt die Haut von Muskeln und Knochen ab. Aufgrund ihres Aufbaus ist eine gewisse Verschiebung der Haut möglich.

5.3.2   Funktion

Die Haut erfüllt für den Körper unterschiedliche Funktionen:
- Schutzfunktion:
- Schutz vor biologischen Schäden: Die Haut bildet eine Barriere zur Umwelt. Sie verhindert das Eindringen von Pathogenen (↑ Herz, Kreislauf, Blut und Lymphe – Immunsystem).
- Schutz vor thermischen Schäden: Die Unterhaut enthält Fettzellen und isoliert den Körper gegen Wärmeverlust (Schutz vor Kälte). In der Haut befinden sich Rezeptoren, die Hitze wahrnehmen und einen Schutzreflex (↑ Nervensystem – Reflexe) auslösen, hierdurch wird Hitzeschäden vorgebeugt.

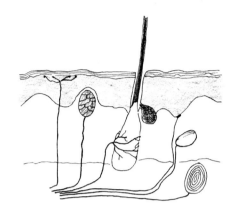

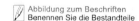
Abbildung zum Beschriften
Benennen Sie die Bestandteile

◻ **Abb. 5.12** Rezeptoren der Haut

▬ Schutz vor mechanischen Schäden: Der Aufbau der Haut fängt schwächere Stöße ab und schützt die Organe im Körperinneren. Die Haut kann sich bei Verletzung regenerieren.
▬ Schutz vor chemischen Schäden: Die Haut schützt die im Inneren liegenden Organe vor chemischen Substanzen.
▬ Temperaturregulierung: Über die Haut kann die Körpertemperatur mithilfe von zwei Mechanismen reguliert werden. Die die Haut durchziehenden Blutgefäße können in ihrem Durchmesser verändert werden. Sind sie weit gestellt, kann viel Blut durch die Haut fließen und Wärme an die Umgebung abgegeben werden – der Körper wird gekühlt. Werden die Gefäße enger gestellt, durchströmt weniger Blut die Haut und es wird weniger Wärme abgegeben. Die zweite Art der Regulierung erfolgt über die Schweißabgabe. Zur Verdunstung des Schweißes bedarf es an Energie (Wärmeenergie), was den Körper abkühlt (Wärmeenergie wird dem Körper entzogen).
▬ Sinnesfunktion (↑ Rezeptoren der Haut).
▬ Regulation des Wasserhaushaltes: Die Haut spielt neben der Niere (↑ Wasser-Elektrolyt-Haushalt) eine wichtige Rolle für die Erhaltung und Regulierung des Wasser-Elektrolyt Haushaltes. Über die Haut kann durch Schwitzen Wasser abgegeben werden. Die Haut bildet eine Umhüllung des Körpers, die vor Austrocknung (zu hoher Verdunstung) schützt.
▬ Kommunikation: Über Düfte, die aus Duftdrüsen stammen, und über die Hautfarbe (erröten, erblassen) kommunizieren wir mit unserer Umwelt.

5.3.3 **Rezeptoren der Haut**

In die Haut sind unterschiedliche Sinnesrezeptoren eingebettet (◻ Abb. 5.12). Man kann diesen Rezeptoren zwei Messtechniken zuordnen: Proportionalsensoren und Differenzialsensoren. Proportionalsensoren nehmen den genauen Zustand war und Differenzialsensoren registrieren nur eine Zustandsveränderung.

- **(A) Nervenendigungen**

In der Haut liegen freie Nervenendigungen, die Schmerz, Kälte und Wärme wahrnehmen.

- **(B) Merkel-Tastkörperchen**

Am Übergang der Oberhaut zur Lederhaut befinden sich die Merkel-Tastkörperchen. Sie registrieren auf die Haut einwirkenden Druck (Proportionalsensor).

- **(C) Meißner-Tastkörperchen**

Meißner-Tastkörperchen reagieren auf Druckveränderung, nicht aber auf gleichbleibenden Druck (Differenzialsensor). Die Tastkörperchen sind wichtig, damit wir z. B. kleine Gegenstände präzise greifen können. Die Meißner-Tastkörperchen sind in der oberen Schicht der Lederhaut lokalisiert.

- **(D) Vater-Pacini-Lamellenkörperchen**

Über sie werden Vibrationen wahrgenommen (Differenzialsensor). Die Vater-Pacini-Lamellenkörperchen liegen in der Unterhaut.

- **(E) Ruffini-Kolben**

Die Ruffini-Kolben messen Spannung in der Lederhaut (Proportional- und Differenzialsensoren).

- **(F) Haare**

Haare registrieren in Kombination mit der die Haarwurzel umschließenden Nervenmanschette eine Berührung.

5.3.4 Hautanhangsgebilde

- **(A) Hautdrüsen**

Es gibt unterschiedliche Drüsen in der Haut, mit unterschiedlichen Aufgaben.
- Talgdrüsen: Zu jedem Haar gehört eine Talgdrüse. Der abgegebene Talg fettet Haut und Haare, dies macht sie geschmeidig und wasserabweisend. Die Handflächen und Fußsohlen sind talgdrüsenfrei. Es gibt zusätzlich noch Talgdrüsen, die nicht mit einem Haar im Zusammenhang stehen (Talgdrüsen der Augenlider, Schamlippen und der Eichel).
- Schweißdrüsen: Schweißdrüsen sind wichtig zur Regulation des Wärmehaushaltes. Zusätzlich wirkt der Schweiß antibakteriell, da er einen pH-Wert von 4,5 hat. Pro Tag transpiriert ein Mensch ca. 0,5 l Schweiß (was der Hälfte einer Milchflasche entspricht).
- Duftdrüsen: Duftdrüsen sind modifizierte Schweißdrüsen, die Pheromone abgeben.
- Milchdrüsen: Auch die Milchdrüsen der weiblichen Brust zählen zu den Hautdrüsen.

- **(B) Haare**

Haare sind aus Keratin aufgebaut. Das Haar wird in den Haarschaft, der aus der Haut ragt, und in die Haarwurzel untergliedert (◘ Abb. 5.13). Das Haarwachstum findet innerhalb der Haarwurzel statt. Ein Haar wächst pro Monat ca. 1 cm. Die Lebensdauer eines Haares beträgt drei bis fünf Jahre.

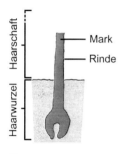

Abb. 5.13 Haaraufbau

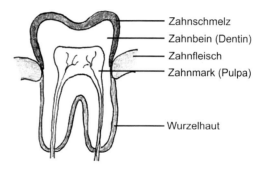

Abb. 5.14 Zahnaufbau

- **(C) Nägel**

Finger- und Fußnägel sind aus verhornten harten Epithelzellen aufgebaut. Ein Nagel wächst pro Tag 0,1 bis 0,3 mm. Das Nagelwachstum erfolgt in der unter der Haut liegenden Nagelmatrix. Die Nägel erleichtern (Widerhalt) das Greifen und schützen Finger- und Zehenenden vor Verletzungen.

- **(D) Zähne**

Ein erwachsener Mensch hat 32 Zähne. Acht Schneidezähne, vier Eckzähne, acht Backenzähne und zwölf Mahlzähne. Ein Heranwachsender hat noch keine bleibenden Zähne, sondern Milchzähne. Ab dem sechsten Lebensjahr werden die Milchzähne nach und nach durch die bleibenden Zähne verdrängt. Ein Zahn (■ Abb. 5.14) besteht aus dem Zahnbein (Dentin), welches durch den Zahnschmelz vor Kauabrieb geschützt ist. Der Zahnschmelz ist die härteste Substanz des menschlichen Körpers. Die Zahnwurzel ist mit dem Zement und der Wurzelhaut überzogen. Die Wurzelhaut verbindet den Zahn mit dem Kiefer und wirkt federnd. Dadurch kann Beschädigungen durch harte Gegenstände vorgebeugt werden. Im Inneren des Zahnes befindet sich das mit Nerven und Blutgefäßen durchdrungene Zahnmark.

5.3.5 Krankheiten

- **(A) Herpes**

Herpes ist eine Infektion der Haut durch das Herpes-simplex-Virus. Es gibt zwei Typen von Herpes-simplex-Viren: Herpes-simplex-Virus 1 [HSV 1] (oraler Stamm = Lippenherpes) und Herpes-simplex-Virus 2 [HSV 2] (genitaler Stamm = Genitalherpes).

Nach der Erstinfektion kommt es zum Ruhezustand (lebenslang) in den Nervenknoten (Ganglien), gelegentlich bricht aber die Infektion erneut aus. Dies wird durch die Schwächung des Immunsystems begünstigt – oft durch Stress. Beim Ausbruch der Herpesinfektion bilden sich Bläschen, es treten grippeähnliche Beschwerden und unter Umständen Fieber auf. Eine bevorzugte Stelle des HSV 1 ist der Übergangsbereich zwischen Haut und Lippe. Das Herpes-simplex-Virus 1 wird über Speichelkontakt und das Herpes-simplex-Virus 2 über Geschlechtsverkehr übertragen (↑ Fortpflanzung und Entwicklung – Krankheiten).

Geschmacks- und Geruchssinn

Geschmackssinn

Über die Zunge können fünf unterschiedliche Geschmacksqualitäten wahrgenommen werden: süß, sauer, salzig, bitter und umami.

In der Zunge befinden sich hierfür Geschmackssinneszellen (◘ Abb. 5.15). Die Geschmacksstoffe gelangen mit dem Speichel in die Geschmacksporen (Geschmacksporus) und lagern sich an der Zellmembran der Geschmackssinneszellen, die durch Mikrovilli eine vergrößerte Oberfläche haben, an. Durch die Anlagerung kommt es zu einer Potenzialveränderung, durch die Transmitter freigesetzt werden, welche ein Aktionspotenzial am anliegenden Neuron auslösen.

Geruchssinn

Im Riechfeld der Nase sind Geruchsrezeptoren eingelagert (◘ Abb. 5.16). Die Härchen der Geruchssinneszellen ragen in den Schleim der Schleimhaut. Geruchsstoffe lagern sich an der Zellmembran der Härchen an und erzeugen ein Aktionspotenzial.

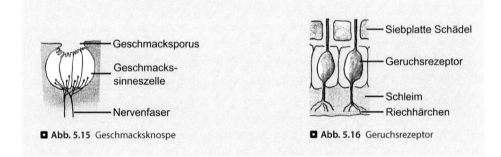

◘ **Abb. 5.15** Geschmacksknospe

◘ **Abb. 5.16** Geruchsrezeptor

▪ (B) Dermatitis

Dermatitis (Synonym „Ekzem") ist die Bezeichnung (Überbegriff) für eine entzündliche Hautreaktion, die hauptsächlich die Lederhaut (Dermis) betrifft. Die Reaktion kann einen chemischen, physikalischen, mikrobiellen oder parasitären Auslöser haben. Es gibt sehr viele unterschiedliche Formen der Dermatitis z. B. Neurodermitis (chronische vererbbare Hauterkrankung), Windeldermatitis (Windelausschlag, Reizung der Säuglingshaut im Windelbereich) und andere.

▪ (C) Akne

Akne ist die Bezeichnung von unterschiedlichen Erkrankungen des Talgdrüsenapparates und der Einstülpung des Haares in die Haut (Haarfollikel). Bei Akne kommt es zu einer vermehrten Sekretion von Talg und zu einer Verstopfung der Pore durch Verhornung, was zur Bildung von Komedonen (Mitessern) führt, die sich entzünden können.

Die in der Pubertät auftretende Akne heißt Acne vulgaris (gewöhnliche Akne) und entsteht durch die verstärkte Einwirkung von Androgenen (↑ Hormonsystem).

▪ (D) Karies

Wirkungsfaktoren von Karies sind: Plaque (Zahnbelag) + kurzkettige Kohlenhydrate (Zucker) + Zeit (Abstand zwischen den Mahlzeiten; bei ausreichender Zeit kann Speichel die Säure neutralisieren). In der Plaque siedeln sich Bakterien an, die Zucker (kurzkettige Kohlenhydrate) zu Milchsäure abbauen. Die Säure lost Mineralien (Calcium, Phosphat) aus den Zähnen, was zu Löchern führt. (↑ Ernährung und Verdauung – Ernährungsbedingte Krankheiten)

1. Erklären/definieren Sie die folgenden Begriffe

Auge:

Adaptation

Aderhaut

Akkommodation

Augenbraue

Augenkammer

Augenlid

Blende

blinder Fleck

Ciliarmuskel

gelber Fleck

Glaskörper

Horizontalzelle

Hornhaut

inverses Auge

Iris

Lederhaut

Linse

Linsenbänder

Netzhaut

Photorezeptor

Pigmentepithel

Pupille

Regenbogenhaut

Retina

Ringmuskel

Sehgrube

Sehnerv

Sehzelle (Sehsinneszelle)

Stäbchen

Tränendrüse

Tränenkanal

Zapfen

Ohr:

Amboss

Amplitude

Ampulle

Außenohr

äußerer Gehörgang

Basilarmembran

Bogengänge

Corti-Organ

Cupula

endolymphatischer Gang

eustachische Röhre

Frequenz

Hammer

Innenohr

Lymphe (in Bezug auf Ohr)

Mittelohr

Ohrmuschel

Ohrtrompete

ovales Fenster

Paukenhöhle

Paukentreppe

rundes Fenster

Sacculus

Schallwelle

Schneckengang

Sinneszelle

Steigbügel

Trommelfell

Utriculus

Vorhofsäckchen

Vorhoftreppe

Haut:

Dermis

Differenzialsensor

Epidermis

Epithel

freie Nervenendigung

Geflechtschicht

Haarwurzel

Hornbildungsschicht

Hornschicht

Hornschuppe

Keratin

Lederhaut

Meißner-Tastkörperchen

Melanocyt

Merkel-Tastkörperchen

Oberhaut

Papillarschicht

Proportionalsensor

Regenerationsschicht

Ruffini-Kolben

Subcutis

Talgdrüse

Unterhaut

UV-Licht

Vater-Pacini-Lamellenkörperchen

❓ 2. Wiederholungsfragen und Wiederholungsaufgaben

Auge:

1. Wie kommen Farben zustande?
2. Wie funktioniert unsere Farbwahrnehmung?
3. Warum kann man Gegenstände sehen/abbilden?
4. Warum ist das gesehene Bild umgekehrt und seitenverkehrt?
5. Warum nehmen wir es nicht umgekehrt und seitenverkehrt wahr?
6. Wie ist das Auge aufgebaut?
7. Welche Aufgaben/Funktionen haben die einzelnen Bestandteile?
8. Warum können wir räumlich sehen (Abstände wahrnehmen)?
9. Welche unterschiedlichen Funktionen haben Stäbchen und Zapfen?
10. Was passiert, wenn Licht auf eine Sehsinneszelle fällt?
11. Wie kann sich das Auge auf veränderte Lichtintensität einstellen?
12. Wie kann das Auge Gegenstände scharf stellen?
13. Was ist Kurz- und was Weitsichtigkeit?
14. Wie entstehen Nachbilder?
15. Warum können wir nachts keine Farben sehen?

Ohr:

1. Wie entstehen Töne?
2. Was ist Lautstärke?
3. Was ist Tonhöhe?
4. Wie ist das Ohr aufgebaut?
5. Welche Funktionen haben die einzelnen Bestandteile?
6. Wie können wir Geräusche wahrnehmen?
7. Wie wird Lautstärke detektiert?
8. Wie wird Tonhöhe detektiert?
9. Welche physikalischen Gesetze werden im Mittelohr ausgenutzt?
10. Wie funktioniert der Lage-, Schwer- und Gleichgewichtssinn?
11. Wie funktioniert der Drehsinn?

Haut:

1. Welche Aufgaben hat die Haut?
2. Wie ist die Haut aufgebaut?
3. Welche Funktionen haben die einzelnen Hautschichten?
4. Welche Rezeptoren finden sich in der Haut?
5. Welche Aufgaben hat der jeweilige Rezeptor?
6. Welche Hautanhangsgebilde gibt es?
7. Welche Aufgaben hat das jeweilge Hautanhangsgebilde?
8. Warum werden wir im Sommer braun?

❓ 3. Vertiefung und Vernetzung mit Zoologie und Botanik

Auge:

1. Welche Augentypen gibt es im Tierreich?
2. Wie ist ein everses Auge aufgebaut? Finden Sie Beispiele für Tiere mit diesem Augentyp?
3. Warum können Katzen nachts sehen?
4. Welche verschiedenen Möglichkeiten gibt es zur Akkommodation? (Tipp: Schauen Sie sich dies bei Fischen und Amphibien an.)
5. Skizzieren Sie die Evolution des Auges.

Ohr:

1. Welche Ohrentypen finden sich im Tierreich?
2. Welche Verwendung von Schallwellen gibt es im Tierreich?
3. Gibt es noch andere Arten von Kommunikationsmöglichkeiten?
4. Wozu kommunizieren Lebewesen?
5. Wie kommunizieren Pflanzen?

Haut:

1. Welche Hautanhangsgebilde finden sich bei den Säugetieren?
2. Vergleichen Sie die Anatomie der Häute im Tierreich.
3. Wie ist die Außenhülle (Haut) der Pflanzen aufgebaut?
4. Was hat die Haut mit Vitamin D zu tun?

Ergänzende Literatur

Campbell NA, Kratochwil A, Lazar T, Reece JB (2009) Biologie. Pearson, München (8., aktualisierte Aufl. [der engl. Orig.-Ausg., 3. Aufl. der dt. Übers.])

Clauss W, Clauss C (2009) Humanbiologie kompakt, 1. Aufl. Springer Spektrum, Heidelberg

Schmidt RF, Lang F, Heckmann M (Hrsg) (2010) Physiologie des Menschen. Mit Pathophysiologie, 31. Aufl. Springer, Heidelberg

Trebsdorf M (2011) Biologie, Anatomie, Physiologie. Lehrbuch und Atlas, 12. Aufl. Europa-Lehrmittel, Haan-Gruiten

Seite für eigene Notizen

Seite für eigene Notizen

Nervensystem

Armin Baur

A. Baur, *Humanbiologie für Lehramtsstudierende,*
DOI 10.1007/978-3-662-45368-1_6, © Springer-Verlag Berlin Heidelberg 2015

Das Nervensystem besteht aus zwei unterschiedlichen Zellarten, den Neuronen (Nervenzellen) und den Gliazellen (Geleitzellen). Die Neuronen stellen die funktionellen Grundeinheiten des Nervensystems dar, sie leiten Informationen weiter, durch die Verschaltung von Neuronen werden Informationen verarbeitet, und durch Langzeitpotenziale (so vermutet man) werden Informationen gespeichert. Gliazellen ernähren und isolieren die Neuronen. Gliazellen nehmen aber auch überschüssige Transmitter auf und zersetzen abgestorbene Neuronen. Im Gegensatz zu der Anzahl der Neuronen, die sich beim ausgewachsenen Menschen nicht mehr erhöhen kann, werden immer wieder neue Gliazellen gebildet. Neuere Untersuchungen legen auch den Schluss nahe, dass Gliazellen über Gap junctions Informationen weiterleiten können und im Kleinhirn beim Erinnerungsprozess eine Rolle spielen.

Eigentlich sollte man nicht von „dem Nervensystem" sprechen, genaugenommen gibt es in unserem Körper drei „Nervensysteme": Das *periphere Nervensystem*, das *Zentralnervensystem* und das *vegetative (autonome) Nervensystem.*

Das *periphere Nervensystem* besteht aus zwei unterschiedlichen Neuronentypen, den sensorischen (afferenten) Neuronen und den motorischen (efferenten) Neuronen. Die sensorischen Neuronen leiten Informationen von den Sinnesorganen zum Rückenmark und die motorischen Neuronen leiten Informationen vom Rückenmark zum Erfolgsorgan (↑ Rückenmark). Das Erfolgsorgan (meist eine motorische Einheit, also Muskelfasern) führt daraufhin eine Aktion aus.

Das *Zentralnervensystem (ZNS)* besteht aus dem Gehirn und dem Rückenmark (↑ ▶ Abschn. 6.2 weiter unten im Kapitel). Innerhalb des ZNS gibt es ebenfalls zwei unterschiedliche Neuronentypen, die Inter- und die Hauptneuronen. Die Interneuronen sind die Neuronen eines ZNS-Bereiches oder einer ZNS-Region. Die Hauptneuronen verbinden die einzelnen Bereiche des ZNS miteinander.

Das *vegetative Nervensystem (VNS)* regelt die unwillkürlichen Vorgänge unseres Körpers (↑ ▶ Abschn. 6.3 weiter unten im Kapitel). Das VNS spricht die glatte Muskulatur an (↑ Zelle und Gewebe – Muskelgewebe).

6.1 Neuron

6.1.1 Anatomie

Neuronen sind Zellen, die durch ihren Bau (◨ Abb. 6.1) optimal für ihre Aufgabe geschaffen sind.

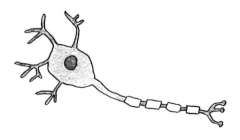

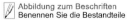
Abbildung zum Beschriften
Benennen Sie die Bestandteile

◨ **Abb. 6.1** Aufbau eines Neurons

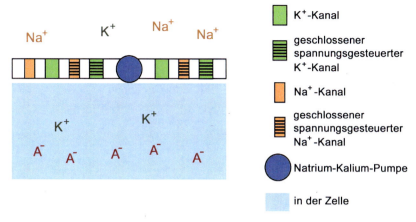

Abb. 6.2 Ionenverteilung beim Membranpotenzial

- K⁺-Kanal
- geschlossener spannungsgesteuerter K⁺-Kanal
- Na⁺-Kanal
- geschlossener spannungsgesteuerter Na⁺-Kanal
- Natrium-Kalium-Pumpe
- in der Zelle

6.1.2 Physiologie

- **(A) Das Membranpotenzial**

Ein Membranpotenzial gibt es bei jeder Zelle, dies ist keine Besonderheit von Nervenzellen. Das Besondere der Nervenzellen ist die Fähigkeit, ein Aktionspotenzial aufzubauen, um hierdurch gerichtet Informationen zu transportieren.

Das Membranpotenzial (Ruhepotenzial) einer Nervenzelle entsteht, da die Zellmembran mehr Kaliumkanäle (K⁺-Kanäle) als Natriumkanäle (Na⁺-Kanäle) besitzt sowie geschlossene spannungsgesteuerte K⁺- und Na⁺-Kanäle (siehe Abb. 6.2). Im Zellinneren befinden sich A⁻-Ionen (Proteine, Aminosäuren), die nicht nach außen können. Da wenig offene (= spannungsunabhängige) Na⁺-Kanäle vorhanden sind, strömt nur wenig Na⁺ durch Diffusion in die Zelle. Das eingeströmte Na⁺ wird durch die Natrium-Kalium-Pumpe zudem wieder nach außen transportiert. K⁺ strömt durch Diffusion in die Zelle und zum Teil wieder aus der Zelle. A⁻-Ionen halten aber viele K⁺ durch Anziehung zurück (Elektrostatik). Dadurch entstehen unterschiedliche Ladungen außerhalb und innerhalb der Zellmembran. Innen ist die Ladung negativ und außen positiv. Das Membranpotenzial beträgt −70 mV.

- **(B) Das Aktionspotenzial**

Zu einem Aktionspotenzial kommt es wie folgt: Die spannungsgesteuerten K⁺- und Na⁺-Kanäle sind noch geschlossen. Durch eine Aktivierung der Nervenzelle über Transmitter strömt Na⁺ über den Dendriten zum dargestellten „Axonabschnitt" (Abschnitt hinter dem Axonhügel)(siehe Abb. 6.5). Wird ein Schwellenwert erreicht (−50 bis −55 mV), öffnen sich spannungsgesteuerte Na⁺-Kanäle. Wird der Schwellenwert nicht erreicht, geschieht dies nicht (siehe Abb. 6.3, Bild 1).

Nach dem Öffnen der Na⁺-Kanäle strömt Na⁺ in die Zelle ein = **Depolarisation** (Potenzial an der Membran = + 50 mV) (Abb. 6.3, Bild 2). Na⁺ strömt durch Diffusion + Elektrostatik zu dem nächsten „Nervenzellenabschnitt" und löst dort ebenfalls eine Depolarisation (und alle weiteren Schritte) aus. So wandert nach und nach das Potenzial in Richtung Endköpfchen.

Am ersten Abschnitt, der depolarisiert wurde, schließen sich die spannungsgesteuerten Na⁺-Kanäle wieder, da sich die Spannung verändert hat. Die spannungsgesteuerten K⁺-Kanäle öffnen sich (Abb. 6.3, Bild 3).

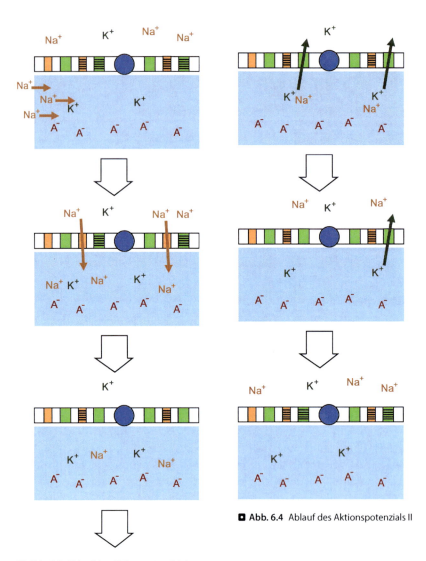

◻ **Abb. 6.4** Ablauf des Aktionspotenzials II

◻ **Abb. 6.3** Ablauf des Aktionspotenzials I

K⁺ strömt aus der Zelle, hierdurch stellt sich die „normale" Ladungsverteilung wieder ein (siehe ◻ Abb. 6.4, Bild 1).

Die Natrium-Kalium-Pumpe befördert Na⁺ nach außen und K⁺ nach innen. Da die spannungsgesteuerten K⁺-Kanäle noch geöffnet sind, diffundiert aber viel K⁺ wieder aus der Zelle. Dies führt zu einer **Hyperpolarisierung** mit der Ladung –75 mV (der „Nervenzellenabschnitt" ist jetzt nicht erregbar) (◻ Abb. 6.4, Bild 2).

Die spannungsgesteuerten K⁺-Kanäle schließen sich nun ebenfalls, und das Ruhepotenzial wird wieder hergestellt (◻ Abb. 6.4, Bild 3).

- **(C) Informationstransport an der Nervenzelle**
1. Aktivierung und Depolarisation (vgl. Aktionspotenzial) der Nervenzelle: Durch Transmitter werden Na⁺-Kanäle an den Dendriten geöffnet und Na⁺ strömt in die Zelle in Richtung Axon ein (◻ Abb. 6.5).

◻ **Abb. 6.5** Aktivierung der Nervenzelle

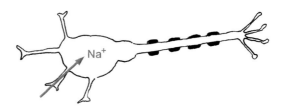

◻ **Abb. 6.6** Weiterleitung des Aktionspotenzials

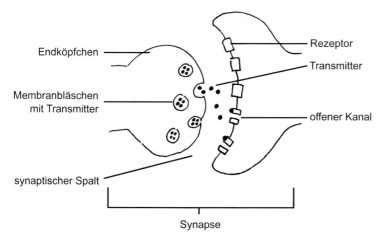

Endköpfchen ———————

Rezeptor

Transmitter

Membranbläschen
mit Transmitter ———————

offener Kanal

synaptischer Spalt ———————

Synapse

◻ **Abb. 6.7** Vorgänge an der Synapse

2. Weiterleitung des Aktionspotenzials entlang des Axons bis zu den Endköpfchen (◻ Abb. 6.6): Durch die Ranvier-Schnürringe verläuft die Weiterleitung sehr schnell, da das Na⁺ bis zu nicht durch Schnürringe isolierten Bereichen der Membran diffundiert und dort erneut eine Depolarisation hervorruft.

3. Impulsübertragung an der Synapse (◻ Abb. 6.7): Trifft das Aktionspotenzial an den Endköpfchen ein, werden Membranbläschen mit Transmittern (chemische Botenstoffe) in den synaptischen Spalt abgegeben. Die Transmitter wurden ursprünglich im endoplasmatischen Reticulum produziert und im Golgi-Apparat zu Portionspaketen „verpackt" und anschließend in die Endköpfchen transportiert. Die in den synaptischen Spalt abgegebenen Transmitter verbinden sich mit Rezeptoren an der Folgezelle. Die Rezeptoren verändern ihre Form und öffnen hierdurch Kanäle für Ionen (z. B. Na⁺). Spezielle Enzyme bauen die Transmitter wieder ab, woraufhin sich die Kanäle wieder verschließen. Eine Synapse kann sowohl eine Nervenzelle mit einer anderen Nervenzelle verbinden als auch eine Nervenzelle mit einer Muskelfaser (dann heißt die postsynaptische Region motorische Endplatte).

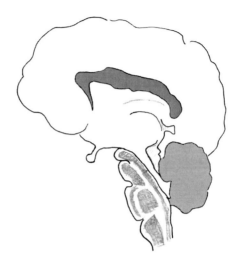

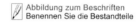
Abbildung zum Beschriften
Benennen Sie die Bestandteile

◘ **Abb. 6.8** Gehirn

6.2   Zentralnervensystem (ZNS)

6.2.1   Gehirn

Das Gehirn (◘ Abb. 6.8) ist das Organ mit dem höchsten Energiebedarf. Es verbraucht 20 % des aufgenommenen Sauerstoffs.

In jeder Region des Gehirns sind Interneuronen miteinander verschaltet. Durch sie entstehen Impulsmuster. Hauptneuronen befördern Informationen in die einzelnen Regionen und aus ihnen heraus.

Das Gehirn besteht aus folgenden Strukturen:

Mittelhirn: Im Mittelhirn wird die Bewusstseinslage (Müdigkeit, Wachzustand) gesteuert.

Brücke: Die Brücke ist das Schaltzentrum zwischen dem Groß- und dem Kleinhirn.

Verlängertes Mark: Im verlängerten Mark (Medulla oblongata) wird unter anderem die Atmung gesteuert.

Kleinhirn: Das Kleinhirn steuert die Körperlage (Gleichgewicht) und koordiniert unbewusste Bewegungen.

Zwischenhirn: Das Zwischenhirn reguliert die Hormonproduktion und steuert die inneren Bedingungen (z. B. Temperatur, Wasserhaushalt). Zum Zwischenhirn gehören zum Beispiel die Zirbeldrüse und die Hypophyse. Beide produzieren Hormone.

Großhirn: Im Großhirn findet das Denken statt. Hier ist das Zentrum des Bewusstseins und des Gedächtnisses. Im Großhirn werden bewusste Bewegungsbefehle generiert und ausgesendet. Hier findet zudem die Informationsverarbeitung statt.

Balken: Verbindet die beiden Hemisphären (Hälften) des Großhirns.

■ **Abb. 6.9** Wirbelsäule mit Rückenmark

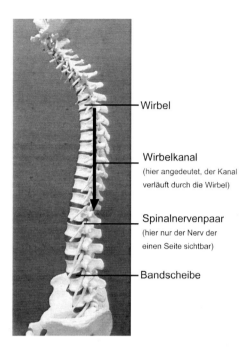

Wirbel

Wirbelkanal
(hier angedeutet, der Kanal
verläuft durch die Wirbel)

Spinalnervenpaar
(hier nur der Nerv der
einen Seite sichtbar)

Bandscheibe

■ **Abb. 6.10** Verschaltung des peripheren Nervensystems mit dem Rückenmark

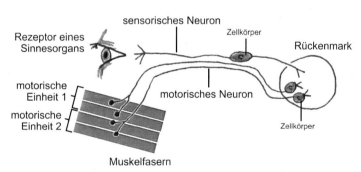

sensorisches Neuron

Zellkörper

Rezeptor eines Sinnesorgans

Rückenmark

motorische Einheit 1

motorisches Neuron

motorische Einheit 2

Zellkörper

Muskelfasern

6.2.2 Rückenmark

Das fingerdicke Rückenmark verläuft im Wirbelkanal und ist etwa 40–45 cm lang. Es besteht aus auf- und absteigenden Faserbündeln, die das Gehirn mit dem peripheren Nervensystem verbinden. Insgesamt kann man 31 Spinalnervenpaare ausmachen. Jedes Spinalnervenpaar tritt zwischen zwei benachbarten Wirbeln (■ Abb. 6.9) aus und ist für die Reizaufnahme und Reaktionsvermittlung eines speziellen Körperbereiches zuständig.

In das Rückenmark gelangen Informationen durch sensorische Neuronen, die wiederum über Neuronen zum Gehirn geleitet werden oder beim Reflex (siehe unten) sofort verarbeitet werden. Vom Gehirn werden Informationen über Neuronen im Rückenmark zu den motorischen Neuronen befördert. Die motorischen Neuronen leiten die Informationen dann an die Erfolgsorgane (siehe ■ Abb. 6.10) weiter.

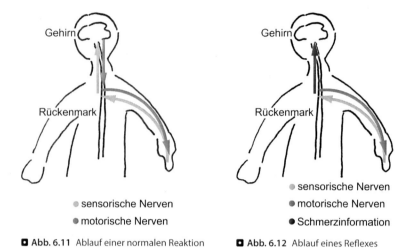

◻ **Abb. 6.11** Ablauf einer normalen Reaktion   ◻ **Abb. 6.12** Ablauf eines Reflexes

6.2.3   Reflex und normale Reaktion

1. **Normale Reaktion:** Z. B. wir stecken den Finger in eiskaltes Wasser.

Sensorische Nerven leiten die Information (Reiz) in Form von Impulsen über das Rückenmark zum Gehirn. Im Gehirn wird die Information verarbeitet → Aktion wird generiert. Motorische Nerven leiten Impulse (Information) zum Erfolgsorgan. Am Erfolgsorgan findet eine Reaktion statt → Finger aus dem Wasser nehmen (◻ Abb. 6.11).

2. **Reflex:** Z. B. wir stecken den Finger in kochendheißes Wasser.

Sensorische Nerven leiten die Information (Reiz) in Form von Impulsen zum Rückenmark. Im Rückenmark wird die Information verarbeitet → Eine Aktion wird generiert. Motorische Nerven leiten Impulse (Information) zum Erfolgsorgan. Am Erfolgsorgan findet eine Re-aktion statt → Finger zurückziehen. Eine Schmerzinformation wird an das Gehirn geleitet (◻ Abb. 6.12).
    Durch die kürzere Informations-Reaktions-Strecke kann ein Reflex viel schneller erfolgen. Reflexe sind zum Schutz des Körpers vorhanden.

6.3   Vegetatives Nervensystem/autonomes Nervensystem

Das vegetative Nervensystem (VNS) wird auch „autonomes Nervensystem" genannt. Über das vegetative Nervensystem werden die glatte Muskulatur, die Herzmuskulatur (↑ Zelle und Ge-webe – Muskelgewebe) und Drüsen angesprochen. Die Aufgabe des VNS ist die Regulation der inneren Organe und des inneren Milieus. Die Regulierung dieser beiden Bereiche wird zudem noch über das Hormonsystem (↑ Hormonsystem) beeinflusst.
    Das vegetative Nervensystem arbeitet unwillkürlich und kann in zwei Untersysteme, in zwei Gegenspieler, unterteilt werden: *Sympathicus* und *Parasympathicus*.
    Die Untersysteme arbeiten mithilfe von Nerven und Hormonen. Die Nerven des Sympa-thicus kommen vom Gehirn, entspringen in der Mittelregion des Rückenmarks und führen in

⬛ Tab. 6.1 Vergleich der Sympathicus- und Parasympathicuswirkung		
	Sympathicus	**Parasympathicus**
Stoffwechsel (Energiefreisetzung)	↑	↓
Herzfrequenz	↑	↓
Blutdruck	↑	↓
Bronchien	↑	↓
Pupillenöffnung	↑	↓
Atemfrequenz	↑	↓
Verdauung	↓	↑
Harndrang	↓	↑
Ausschüttung	Adrenalin, Noradrenalin	

↑ = Erhöhung, Anregung; ↓ = Verminderung, Hemmung

den Körper. Die des Parasympathicus entspringen im Bereich der Medulla oblongata und im unteren Teil des Rückenmarks und führen ebenfalls in den Körper zu den Erfolgsorganen. Der Sympathicus stellt den Körper auf Höchstleistung ein. Er war früher und ist es auch heute noch ein wichtiger Mechanismus, um unseren Körper auf „Flucht und Kampf" und heute zudem auf andere Stressarten einzustellen. Der Parasympathicus stellt den Ruhe- und Erholungszustand wieder her. Die meisten Organe werden von Nerven beider Untersysteme gesteuert. Die Auswirkung auf das jeweilige Organ kommt durch die Kombination der Erregungen beider Untersysteme zustande.

Die gegensätzlichen Wirkungen der beiden Systeme lassen sich am besten in Form einer Tabelle darstellen (siehe ⬛ Tab. 6.1).

6.4 Krankheiten und Verletzungen

▪ (A) Gehirnerschütterung
Unfallbedingter Aufprall des Gehirns auf den Schädelknochen (durch Stoß, Schlag, Aufprall). Gehirn schwimmt in Liquor. Kommt es zur Erschütterung, prallt das Gehirn aufgrund der Trägheit gegen den Schädel.

Führt zu: Kurzfristige Bewusstseinsstörung, Übelkeit/Erbrechen.

Person muss in jedem Fall für 24 h zur Überwachung ins Krankenhaus (Intensiv), da Gefahr einer Gehirnblutung vorhanden ist!

▪ (B) Alzheimer-Krankheit
Langsamer fortschreitender Untergang/Verlust von Nervenzellen und Nervenzellkontakten (Synapsen) führt zu Gedächtnis- und Orientierungsstörungen sowie zu Störungen des Denk- und Urteilsvermögens. Ursache des Verlusts der Nervenzellen und -kontakte ist noch unklar.

Die Alzheimer-Krankheit ist eine Form von Demenz (Demenz = geistige Leistungsschwäche).

Wichtige Neurotransmitter

Neurotransmitter sind Transmitter, die im synaptischen Spalt zwischen zwei Nervenzellen wirken.
Acetylcholin (Ach): Neurotransmitter des Sympathicus und Parasympathicus. Transmitter an der neuro-muskulären Endplatte. Neurotransmitter im Gehirn und Rückenmark.
Dopamin (DA): Neurotransmitter des Hirnstammes. Dopamin spielt beim Belohnungsmechanismus und bei Schizophrenie eine Rolle.
Gammaaminobuttersäure (GABA): Schneller hemmender Neurotransmitter des Gehirns.
Glutamat: Schneller erregender Neurotransmitter des Gehirns.
Glycin: Schneller hemmender Neurotransmitter des Rückenmarks.
Noradrenalin: Neurotransmitter des Gehirns und des Sympathicus' (VNS).

- **(C) Parkinson-Krankheit**

Absterben (Ursache noch unbekannt) der Dopamin-Neuronen in der Substantia nigra (Mittelhirn).

Führt zu: Wiederholende Handbewegungen, „Pillendrehbewegungen" der Finger, Schwierigkeiten beim Stehen und Gehen.

- **(D) Psychosen**

Die beiden Hauptformen sind Schizophrenie und Depressionen. Bei Psychosen leidet der Patient an einem beeinträchtigten Bezug zur Wirklichkeit.

An Schizophrenie leidet ungefähr 1 % der Weltbevölkerung. Schizophrenie bedeutet, dass ein Mensch irrige Vorstellungen und Denkstörungen hat. Er hat Halluzinationen (hört Geräusche oder Stimmen, die es nicht gibt und die ihn u. U. zu Handlungen auffordern) und führt häufig laute und lebhafte Unterhaltungen ins Nichts.

Bei Depressionen ist der Patient ohne einsichtigen Grund traurig und niedergeschlagen.

- **(E) Neurosen**

Neurosen stellen eine Behinderung in Form von z. B. Angstzuständen dar. Die daran leidende Person verliert aber nicht den Bezug zur Wirklichkeit (wie es bei Psychosen der Fall ist).

? 1. Erklären/definieren Sie die folgenden Begriffe

afferentes Neuron

Aktionspotenzial

autonomes Nervensystem

Balken

Brücke

efferentes Neuron

Großhirn

Hypophyse

Hypothalamus

Impuls

Kanäle

Kleinhirn

Membranpotenzial

Mittelhirn

Motoneuron

motorische Endplatte

Natrium-Kalium-Pumpe
Neuron
Parasympathicus
peripheres Nervensystem
Reflex
Rückenmark
sensorisches Neuron
Sympathicus
Synapse
vegetatives Nervensystem
verlängertes Mark
Zentralnervensystem
Zirbeldrüse
Zwischenhirn

2. Wiederholungsfragen und Wiederholungsaufgaben

1. Was sind die Aufgaben des peripheren Nervensytems?
2. Was sind die Aufgaben des Zentralnervensystems (ZNS)?
3. Was sind die Aufgaben des autonomen Nervensystem?
4. Wie ist ein Neuron aufgebaut? Welche Funktionen haben die einzelnen Teile?
5. Wie werden Reize innerhalb einer Nervenzelle weitergeleitet?
6. Wie kommunizieren die Zellen des Nervensystems miteinander?
7. Wie werden Muskeln zur Erregung gebracht?
8. Was passiert an der Synapse?
9. Welche Aufgaben hat das Rückenmark?
10. Wie funktioniert ein Reflex?
11. Was ist und wie funktioniert die Blut-Hirn-Schranke?
12. Wie ist das Gehirn aufgebaut? Welche Funktionen haben die einzelnen Teile?

3. Vertiefung und Vernetzung mit Zoologie und Botanik

1. Wie werden Nervenimpulse innerhalb des Herzens weitergeleitet?
2. Wie hängt das Nervensystem mit dem Hormonsystem zusammen?
3. Vergleichen Sie unterschiedliche Nervenzellen im Tierreich?
4. Welche Nervensysteme finden sich im Tierreich?
5. Welche wichtigen Ergebnisse der Neurodidaktik gibt es?

Ergänzende Literatur

Campbell NA, Kratochwil A, Lazar T, Reece JB (2009) Biologie. Pearson, München (8., aktualisierte Aufl. [der engl. Orig.-Ausg., 3. Aufl. der dt. Übers.])
Thompson RF, Behncke-Braunbeck M (2010) Das Gehirn. Von der Nervenzelle zur Verhaltenssteuerung. Spektrum Akademischer Verlag, Heidelberg (Nachdr. der 3. Aufl. 2001)

Seite für eigene Notizen

Seite für eigene Notizen

Hormonsystem

Armin Baur

A. Baur, *Humanbiologie für Lehramtsstudierende*,
DOI 10.1007/978-3-662-45368-1_7, © Springer-Verlag Berlin Heidelberg 2015

Das Hormonsystem wird in der biologischen Fachsprache auch das „endokrine System" genannt. Es besteht aus allen Organen und Zellen, die Hormone produzieren und diese ins Blut oder in die Lymphe (bzw. interstitielle Flüssigkeit) abgeben. Das Hormonsystem ist neben dem Nervensystem eines der beiden Systeme, die für die Kommunikation und Regulation unseres Körpers verantwortlich sind.

Die endokrinen Drüsen (Drüsen des endokrinen Systems) unterscheiden sich von exokrinen Drüsen darin, dass sie Stoffe (Hormone) ins Blut abgeben (in den Körper). Exokrine Drüsen schütten Stoffe in Körperhöhlen (Magen, Darm, Mund = Speicheldrüsen) und nach außen (Schweißdrüsen) aus.

Hormone werden in der Leber abgebaut oder über die Niere ausgeschieden. Hormone sind chemische Botenstoffe (Proteine, Peptide, Amine, Steroide = vom Cholesterin abgeleitet).

Der Unterschied zwischen dem Nervensystem und dem Hormonsystem liegt darin, dass das Hormonsystem Vorgänge regelt, die über längere Zeit verlaufen (z. B. Wachstum, Entwicklung, Menstruation).

Man kann zwei große Gruppen von Hormonen unterscheiden: *Wasserlösliche* und *fettlösliche Hormone*. Wasserlösliche Hormone verbinden sich mit einem Rezeptor der Zellmembran und lösen hierdurch ein Ereignis im Cytoplasma aus oder wirken auf die Gentranskription ein. Fettlösliche Hormone dringen durch die Zellmembran und wirken auf die Gentranskription ein.

7.1   Lage wichtiger Hormondrüsen

Hormondrüsen sind in unserem Körper an unterschiedlichen Stellen zu finden (■ Abb. 7.1).

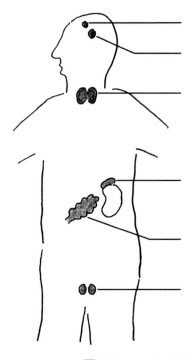

/// Abbildung zum Beschriften
    Benennen Sie die Hormondrüsen

■ **Abb. 7.1** Endokrine Drüsen (Hormondrüsen)

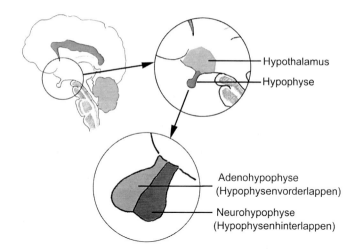

Abb. 7.2 Hypothalamus und Hypophyse

- Hypothalamus
- Hypophyse
- Adenohypophyse (Hypophysenvorderlappen)
- Neurohypophyse (Hypophysenhinterlappen)

7.2   Hypothalamus-Hypophysen-System

Der Hypothalamus ist ein Teil des Zwischenhirns (↑ Nervensystem – Gehirn). Er stellt eine Verbindung zwischen den Nervensystemen und dem Hormonsystem dar. An ihm entspringt die Hirnanhangsdrüse, die Hypophyse (siehe ◘ Abb. 7.2). Die Hypophyse besteht aus zwei Bestandteilen: der Adenohypophyse (Hypophysenvorderlappen) und der Neurohypophyse (Hypophysenhinterlappen).

Die Adenohypophyse wird über Steuerhormone des Hypothalamus' zur Sezernierung von Hormonen angeregt. Die Steuerhormone des Hypothalamus' können entweder spezifische Releasing-Hormone (begünstigende Hormone) oder Inhibiting-Hormone (hemmende Hormone) sein, die über ein Blutgefäßsystem (die Pfortadergefäße) direkt vom Hypothalamus zur Hypophyse transportiert werden. Die Neurohypophyse wird anders gesteuert. Sie steht über Nervenzellen mit dem Hypothalamus in Verbindung. Impulse der Nervenzellen leiten die Neurohypophyse an, Hormone abzugeben. Beide Bereiche der Hypophyse geben ihre Hormone in anliegende Blutgefäße ab, die die Hormone in den Körper transportieren. Die zwei Hormone der Neurohypophyse, Oxytocin und Adiuretin (ADH), wirken direkt auf die Erfolgsorgane ein. Die Hormone der Adenohypophyse können entweder direkt auf die Erfolgsorgane einwirken oder endokrine Drüsen steuern.

Die Regulierung der Hormonausschüttung kann über eine *positive* oder über eine *negative* *Rückkopplung* erfolgen.

7.2.1   Die positive Rückkopplung

Die positive Rückkopplung lässt sich am besten am Beispiel von Oxytocin erklären. Oxytocin regt die Brustdrüsen an, Muttermilch abzugeben. Saugt der Säugling an der Brust, kommt es hierdurch zu einem Reiz, der über den Hypothalamus wahrgenommen wird. Der Hypothalamus leitet daraufhin die Neurohypophyse an, Oxytocin auszuschütten, welches über das Blut zu den Brustdrüsen gelangt.

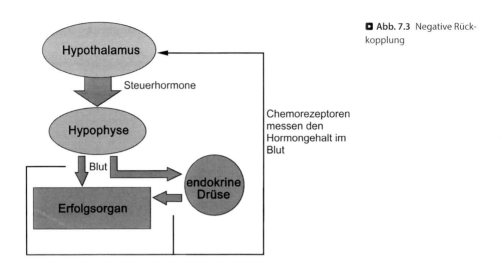

◻ **Abb. 7.3** Negative Rück-kopplung

7.2.2   Die negative Rückkopplung

Bei der negativen Rückkopplung (◻ Abb. 7.3) kommt es durch eine hohe Hormonkonzentration im Blut zur verminderten Ausschüttung von begünstigenden Steuerhormonen im Hypothalamus, hierdurch schüttet die entsprechende Hormondrüse weniger Hormone aus. Ist die Konzentration des entsprechenden Hormons niedrig, werden vom Hypothalamus vermehrt begünstigende Steuerhormone ausgeschüttet.

Eine Rückkopplung gibt es auch bei Hormondrüsen, die nicht über das Hypothalamus-Hypophysen-System geregelt werden. Ein Beispiel ist die Abgabe von Insulin oder Glucagon. Bei einer Erhöhung des Blutzuckerspiegels (BZS) steigt die Konzentration von Glucose im Blut an, dies wird von den β-Zellen der Bauchspeicheldrüse (Pankreas) gemessen. Nun wird verstärkt Insulin ausgeschüttet (aus den β-Zellen der Bauchspeicheldrüse). Sinkt die Konzentration von Glucose im Blut, wird weniger Insulin ausgeschüttet (positive Rückkopplung). Genau umgekehrt (negative Rückkopplung) verhält es sich beim Hormon Glucagon. Ist die Konzentration von Glucose im Blut hoch, wird von der Bauchspeicheldrüse (α-Zellen) wenig Glucagon ausgeschüttet. Ist die Konzentration (BZS) niedrig, wird viel Glucagon ausgeschüttet.

7.3   Funktion wichtiger Hormone

In ◻ Tab. 7.1 sind Hormondrüsen mit wichtigen Hormonen aufgeführt.

7.4   Krankheiten

▪ (A) Basedow'sche Krankheit
Eine Überfunktion der Schilddrüse führt zur Überproduktion der Schilddrüsenhormone. Dies hat zur Folge: hervortretende Augäpfel, Abnahme des Körpergewichts, hohe Körpertemperatur.

◨ **Tab. 7.1** Hormone

Hormondrüse	Hormon	Wirkung
Neurohypophyse	Oxytocin	Ejektion von Milch aus den Brustdrüsen
	ADH (Adiuretin, Antidiuretisches Hormon)	Rückresorption von Wasser in der Niere
Adenohypophyse	TSH (Schilddrüsenstimulierendes Hormon)	Anregung der Schilddrüse
	FSH (Follikelstimulierendes Hormon)	Anregung der Eizellen und Samenproduktion ($\uparrow$ Fortpflanzung Entwicklung – Ovarialzyklus und Menstruation)
	LH (Luteinisierendes Hormon)	Anregung von Eierstöcken und Hoden ($\uparrow$ Fortpflanzung Entwicklung – Ovarialzyklus und Menstruation)
Zirbeldrüse	Melatonin	Regelt Tag-Nacht-Rhythmus (Biorhythmus)
Schilddrüse	Thyroxin (T4) Trijodthyronin (T3)	– Aktivieren die Proteinbiosynthese – Treiben den Stoffwechsel an – Wirken fördernd auf das Längenwachstum von Kindern ein – Sind in der Schwangerschaft für die ZNS-Entwicklung des Embryos verantwortlich
	Calcitonin	Senkt den Ca^{2+}-Gehalt im Blut und fördert die Knochenbildung
Nebenschilddrüse	Parathormon	Steigert den Ca^{2+}-Gehalt im Blut und fördert den Knochenabbau (Gegenspieler von Calcitonin)
Nebenniere	Aldosteron	Regulation des Salzhaushaltes
	Adrenalin Noradrenalin	Hormone des Sympathicus ($\uparrow$ Nervensystem – Vegetatives Nervensystem)
Inselorgan der Bauchspeicheldrüse	Insulin	– Aufnahme von Glucose in die Zelle (Senkung des Blutzuckerspiegels) – Speicherung von Glucose in Form von Glykogen und Umbau und Speicherung als Fett
	Glucagon	Umwandlung von Glykogen in Glucose (Erhöhung des Blutzuckerspiegels) (Gegenspieler von Insulin)
Geschlechtsorgane	Testosteron (männlich) Östrogen (weiblich)	– Regulieren die Geschlechtsreifung – Testosteron ist zudem für die männliche Geschlechtsbildung zuständig – fehlt Testosteron, bilden sich bei einem Jungen weibliche Geschlechtsmerkmale aus (belegt durch Tierversuche)

Hormone können anhand ihres Aufbaus in drei Gruppen unterteilt werden

1. Protein-, Peptidhormone

Protein-, Peptidhormone sind wasserlöslich. Ein Beispiel für ein Hormon, das aus Proteinen besteht, ist Insulin.

2. Steroidhormone

Steroidhormone sind Derivate (Abkömmlinge) des Cholesterins und besitzen vier Kohlenstoffringe. Sie sind fettlöslich. Beispiele sind Östrogene (□ Abb. 7.4) oder Testosteron.

3. Aminhormone

Aminhormone werden aus der Aminosäure Tyrosin (□ Abb. 7.5) synthetisiert. Sie können entweder wasserlöslich oder auch fettlöslich sein. Ein Beispiel ist das wasserlösliche Hormon Adrenalin (□ Abb. 7.6).

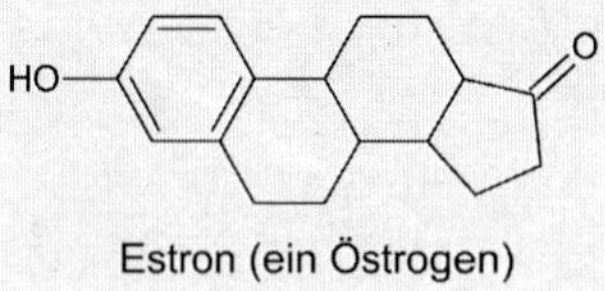

Estron (ein Östrogen)

□ **Abb. 7.4** Struktur von Estron

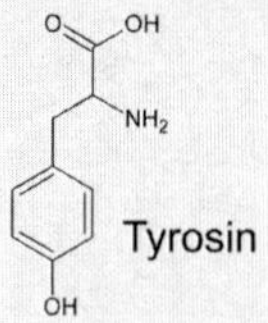

Tyrosin

□ **Abb. 7.5** Struktur von Tyrosin

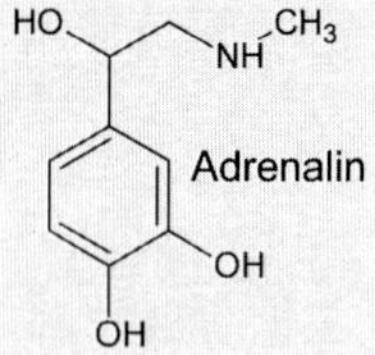

Adrenalin

□ **Abb. 7.6** Struktur von Adrenalin

▪ (B) Kretinismus

Unterfunktion der Schilddrüse bei Kindern führt zur Zunahme des Körpergewichts, zu Schwellungen der Haut, Zwergwuchs, geistigen Einschränkung („Idiotie").

▪ (C) Diabetes mellitus

Unterfunktion der β-Zellen der Langerhans'schen Inseln führt zu einem Mangel an Insulin und dies zur Erhöhung des Blutzuckerspiegels (BZS), zu vermehrtem Harndrang (Zucker wird über die Niere im Urin ausgeschieden), starkem Durstgefühl und über lange Zeit hinweg zu Gefäßschäden.

Form 1: Angeborener Defekt (Mangel an β-Zellen)

Form 2: Altersdiabetes = nachlassende Funktion der β-Zellen aufgrund einer starken Beanspruchung.

❓ 1. Erklären/definieren Sie die folgenden Begriffe

endokrines System
Erfolgsorgan
Hormon
Hormondrüse
Hypophyse
Hypothalamus
Inselorgan
Nebenniere
Nebenschilddrüse
negative Rückkopplung
Schilddrüse

Steuerhormon

Zirbeldrüse

❷ 2. Wiederholungsfragen und Wiederholungsaufgaben

1. Was sind die Aufgaben des Hormonsystems?
2. Wie unterscheidet sich das Hormonsystem vom Nervensystem?
3. Wie funktioniert das Hypothalamus-Hypophysen-System?
4. Wie werden Hormone transportiert?
5. Wie werden Hormone abgebaut?
6. Nennen Sie wichtige Hormondrüsen und ihre zugehörigen Hormone mit spezifischer Funktion.
7. Wie wird das Erfolgsorgan vom Hormon angesprochen?
8. Wie wird der Blutzuckerspiegel geregelt? Was genau ist Diabetes mellitus?

❷ 3. Vertiefung und Vernetzung mit Zoologie und Botanik

1. Wo überall finden Sie das Schlüssel-Schloss-Prinzip?
2. Welche Krankheiten kennen Sie, die auf eine Fehlfunktion des Hormonsystems zurückgehen?
3. Gibt es auch bei Pflanzen Hormone?

Ergänzende Literatur

Campbell NA, Kratochwil A, Lazar T, Reece JB (2009) Biologie. Pearson, München (8., aktualisierte Aufl. [der engl. Orig.-Ausg., 3. Aufl. der dt. Übers.])

Horn F (2012) Biochemie des Menschen. Das Lehrbuch für das Medizinstudium, 5. Aufl. Thieme, Stuttgart

Patti M (2007) Hormone. Eine Übersicht, 4. Aufl. Books on Demand, Norderstedt

Spinas GA, Fischli S (2011) Endokrinologie und Stoffwechsel, 2. Aufl. Thieme, Stuttgart

Thompson RF, Behncke-Braunbeck M (2010) Das Gehirn. Von der Nervenzelle zur Verhaltenssteuerung, 3. Aufl. Spektrum Akademischer Verlag, Heidelberg (Nachdruck)

Seite für eigene Notizen

Seite für eigene Notizen

Ernährung und Verdauung

Armin Baur

A. Baur, *Humanbiologie für Lehramtsstudierende*,
DOI 10.1007/978-3-662-45368-1_8, © Springer-Verlag Berlin Heidelberg 2015

Die Verdauung von unserer aufgenommenen Nahrung ist ein sehr komplexer Prozess, der von vielen unterschiedlichen Organen (Abb. 8.1) bewerkstelligt wird.

8.1   Verdauungsorgane

- **(A) Zähne**
Die Zähne zerkleinern unsere Nahrung. Hierdurch werden die Nahrungsbrocken auf eine schluckbare Größe gebracht und zudem wird die Oberfläche vergrößert, damit Enzyme besser ansetzen können.

- **(B) Speicheldrüsen**
Die drei paarigen Mundspeicheldrüsen (Ohr-, Unterkiefer- und Unterzungenspeicheldrüsen) reichern die Nahrungsbrocken mit Speichel an, um einen Speisebrei (Schluckbarkeit) zu erzeugen. Im Speichel befinden sich bereits Enzyme, die die Nahrung in kleine Bestandteile zerlegen. Der Speichel hat auch eine neutralisierende Funktion, um den pH-Wert im Mundraum zu regulieren.

- **(C) Speiseröhre (Ösophagus)**
Transportiert den Speisebrei in den Magen.

- **(D) Magen**
Der Magen ist ein Speicherorgan. Von ihm werden immer wieder kleine Mengen an den Zwölffingerdarm abgegeben. Im Magen findet ein Teil der Proteinverdauung statt. Der niedrige pH-Wer (pH = 1) ist eine chemische Barriere für Pathogene. Die Magenwand enthält Hauptzellen, Belegzellen und Nebenzellen. Hauptzellen sondern Pepsinogen (↑ Eiweißverdauung) ab, Belegzellen bilden Salzsäure und die Nebenzellen erzeugen Schleim, um die Magenwand zu schützen.

- **(E) Dünndarm**
Der Dünndarm besteht aus dem Zwölffingerdarm (Duodenum), dem Leerdarm (Jejunum) und dem Krummdarm (Ileum). Alle drei Teile zusammen nehmen eine Länge von 3–4 m ein. Der Dünndarm ist so gebaut, dass eine möglichst große Oberfläche vorhanden ist (Abb. 8.2). Die Innenwand des Dünndarms besteht aus Falten, den Kerckring-Falten. Diese Falten sind mit Darmzotten besetzt, wodurch sich die Darmoberfläche bereits siebenfach vergrößert. Die Darmzotten haben Epithelzellen, welche einen feinen Bürstensaum (Mikrovillis) besitzen und hierdurch die Oberfläche noch weiter vergrößern. In den Zotten ist Muskulatur vorhanden, die bei Kontraktion die Zotten kleiner werden lässt. Durch die Kontraktion werden die Lymph- und Blutgefäße ausgepresst, was zu einem Flüssigkeitsstrom führt.

- **(F) Bauchspeicheldrüse (Pankreas)**
Die Bauchspeicheldrüse mündet in den Zwölffingerdarm. Sie hat eine doppelte Funktion – sie ist endokrine und exokrine Drüse. Für die Verdauung ist die exokrine Funktion, die Produktion und Abgabe von Verdauungsenzymen, bedeutsam.

- **(G) Leber (Hepar)**
Die Leber hat wichtige Aufgaben im Stoffwechsel und bei der Entgiftung. An der Leber befindet sich die Gallenblase. Die Leber produziert Gallenflüssigkeit mit Gallensäuren, die entweder direkt in den Zwölffingerdarm oder in die Gallenblase abgegeben wird.

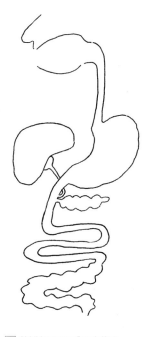

🖉 Abbildung zum Beschriften
Benennen Sie die Verdauungsorgane

◻ **Abb. 8.1** Verdauungsorgane

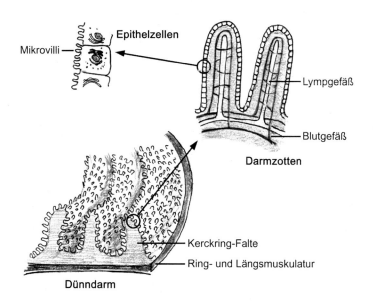

◻ **Abb. 8.2** Aufbau des
Dünndarms

- **(H) Gallenblase**

Die Gallenblase konzentriert die Gallenflüssigkeit (dickt diese ein) und leitet diese in den Zwölffingerdarm.

- **(I) Dickdarm**

Im Dickdarm wird Wasser zurückresorbiert.

8.2 Nährstoffe

Die in der Nahrung enthaltenen Nährstoffe werden zum Aufbau und zur Erhaltung unserer Körpersubstanz benötigt. Nährstoffe sind Kohlenhydrate, Fette (Lipide), Eiweiße (Proteine), Wasser, Mineralstoffe und Vitamine.

Man kann zwischen Nährstoffen und Ballaststoffen unterscheiden. Ballaststoffe sind Bestandteile der Nahrung, die für uns unverdaulich sind, z. B. Cellulose (Cellulose ist ein langkettiges Kohlenhydrat, für welches uns Enzyme zur Aufspaltung fehlen). Ballaststoffe sind für unseren Körper wichtig, da sie die Darmtätigkeit anregen und eine darmkrebsverhindernde Wirkung zeigen.

Die Nährstoffe kann man in *Baustoffe*, *Brennstoffe* und *Wirkstoffe* unterteilen. Hierbei muss aber beachtet werden, dass dies keine klare Kategorisierung ist – z. B. kann ein bestimmter Nährstoff als Baustoff oder auch als Brennstoff dienen.

Baustoffe sind zum Aufbau und zur Erhaltung des Körpers notwendig, hierzu gehören Eiweiße, Lipide, Mineralstoffe und Wasser.

Brennstoffe liefern unserem Körper Energie zum Denken, um Bewegungen auszuführen, um Wärme zu erzeugen und für die Tätigkeit der inneren Organe. Zu den Brennstoffen zählen Kohlenhydrate, Lipide und Eiweiße.

Wirkstoffe regeln Körperfunktionen. Zu ihnen gehören die Vitamine, Mineralstoffe wie auch Fette und Eiweiße (für die Herstellung von Hormonen).

8.3 Kohlenhydratverdauung

8.3.1 Kohlenhydrate

Kohlenhydrate bestehen aus den Elementen Kohlenstoff (C), Wasserstoff (H) und Sauerstoff (O).

Man kann innerhalb der Kohlenhydrate zwischen *Monosacchariden, Disacchariden* und *Polysacchariden* unterscheiden.

Monosaccharide: Monosaccharide sind Einfachzucker. Sie bestehen aus einer Zuckergrundeinheit. Diese Grundeinheit kann z. B. Glucose (◘ Abb. 8.3), Fructose (◘ Abb. 8.4) oder Galactose sein.

Disaccharide: Disaccharide sind Zweifachzucker, die aus zwei Einfachzuckern aufgebaut sind. Die beiden Einfachzucker sind über eine Glykosidbindung verbunden. Ein Disaccharid, welches wir jeden Tag vor unseren Augen haben, ist unser Kristallzucker (Speisezucker), die Saccharose (◘ Abb. 8.5). Saccharose besteht aus Glucose und Fructose. Es gibt noch weitere wichtige Disaccharide wie die Maltose und die Lactose.

Polysaccharide: Bei Polysacchariden sind viele Monosaccharide über Glykosidbindungen zu einem Polymer verbunden. Für den Menschen sind die Stärke (◘ Abb. 8.6) und das Glykogen sehr bedeutend. Beide werden aus dem Monosaccharid Glucose aufgebaut. Neben diesen beiden Polysacchariden sind Ballaststoffe wie die Cellulose für die gesunde Ernährung wichtig.

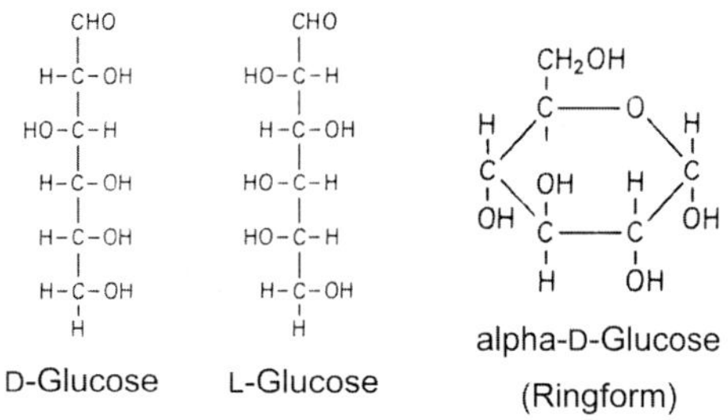

■ **Abb. 8.3** Struktur von Glucose

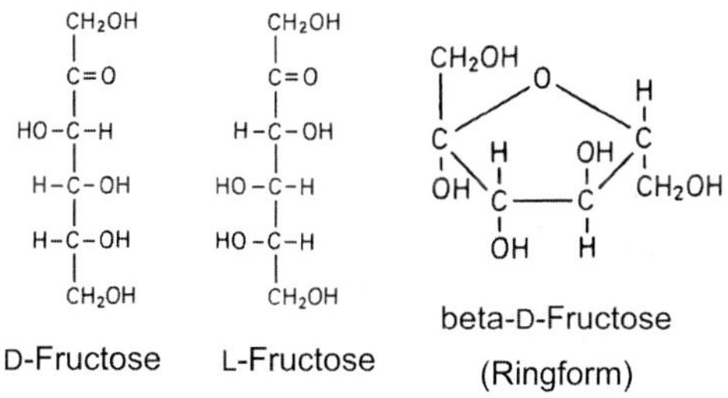

D-Glucose   L-Glucose

alpha-D-Glucose
(Ringform)

■ **Abb. 8.4** Struktur von Fructose

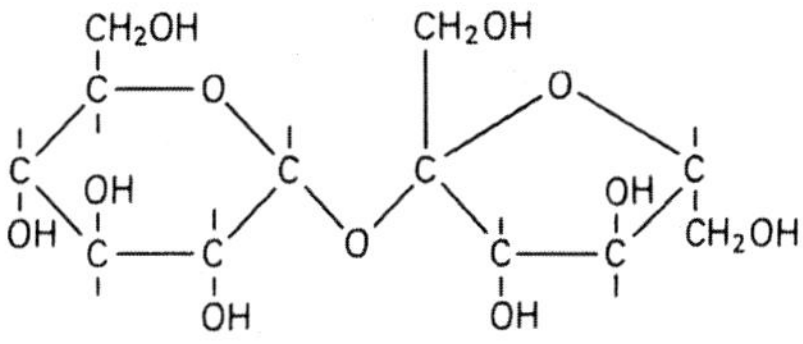

D-Fructose   L-Fructose

beta-D-Fructose
(Ringform)

■ **Abb. 8.5** Struktur der Saccharose

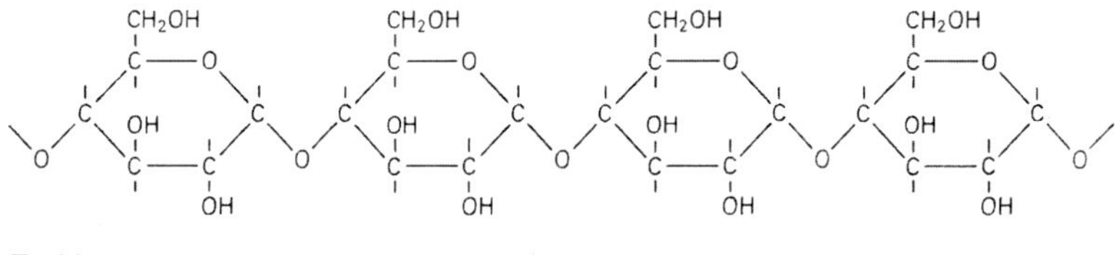

■ **Abb. 8.6** Struktur der Stärke

8.3.2 Verdauung und Aufnahme von Kohlenhydraten

Die Verdauung der Kohlenhydrate (■ Abb. 8.7) beginnt bereits im Mund. Im Speichel ist α-Amylase enthalten, welche Stärke in kleinere Einheiten aufspaltet. Kauen wir ein Stück Weißbrot sehr lange, wird sich im Mund ein süßer Geschmack entwickeln. Der Geschmack kommt durch die Aufspaltung der Stärke in Di- bzw. Monosaccharide zustande. Im Magen endet vorerst die Verdauung der Kohlenhydrate. Erst im Zwölffingerdarm wird sie fortgesetzt. Über die Bauchspeicheldrüse gelangt α-Amylase in den Nahrungsbrei und spaltet Stärke und Glykogen in Di- bzw. Monosaccharide auf. In den anschließenden Teilen des Dünndarms werden Disaccharide in Monosaccharide aufgespalten. Über die Dünndarmzellen werden Enzyme abgegeben, die die Disaccharide Maltose, Lactose und Saccharose aufspalten. Die Monosaccharide werden über die Darmzellen aufgenommen und in die Blutkapillaren des Darmes abgegeben. Über das Blut gelangen die Monossacharide zur Leber und zu den Körperzellen.

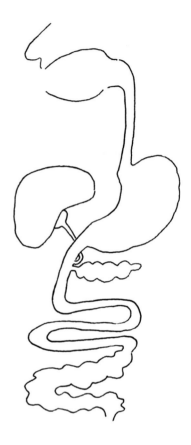

Abbildung zum Beschriften
Kennzeichnen Sie die Bereiche, die bei der KH-Verdauung
mitwirken und erklären Sie, was dort genau passiert

◘ **Abb. 8.7** Übersicht: Verdauung und Aufnahme von Kohlenhydraten

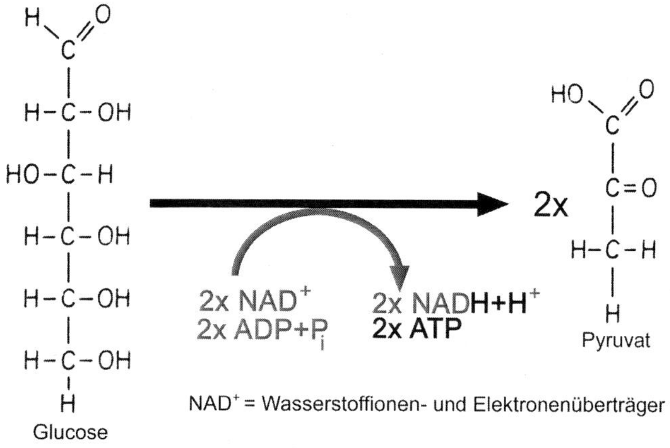

Abb. 8.8 Glykolyse

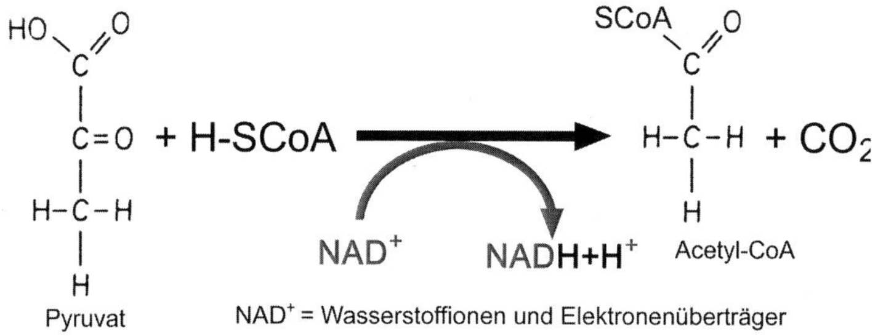

$$NAD^+ = \text{Wasserstoffionen- und Elektronenüberträger}$$

Abb. 8.9 Oxidative Decarboxylierung

$$NAD^+ = \text{Wasserstoffionen und Elektronenüberträger}$$

8.3.3 Energiegewinnung aus Glucose in der Zelle (Zellatmung)

Die Aufnahme von Glucose in die Zelle ist von Zellart zu Zellart verschieden. Leber-, Muskel- und Fettzellen benötigen hierfür die Anwesenheit des Hormones Insulin. Bei den Nervenzellen und den Erythrocyten ist dies insulinunabhängig. Nervenzellen und Erythrocyten sind aber ausschließlich auf Glucose zur Energiegewinnung angewiesen.

(1) Glykolyse

Die Glykolyse (siehe Abb. 8.8) findet im Zellplasma der Zelle statt und wird daher auch von Lebewesen zur Energiegewinnung genutzt, die keine Mitochondrien haben.

Bei der Glykolyse wird ein Molekül Glucose in zwei Moleküle Pyruvat aufgespalten. Bei diesem Vorgang werden zwei Moleküle ADP zu zwei Molekülen ATP umgebaut und vier Wasserstoffionen (Protonen) und vier Elektronen, die ursprünglich aus der Glucose stammen, werden an zwei Moleküle NAD^+ angelagert. NAD^+ ist ein Wasserstoffionen- und Elektronenüberträger.

(2) Oxidative Decarboxylierung

Die oxidative Decarboxylierung (siehe Abb. 8.9) findet in den Mitochondrien statt. Zum Verständnis der Endbilanz ist es wichtig, sich vor Augen zu führen, dass jede weitere hier beschriebene Reaktion pro Glucosemolekül zweimal stattfindet, da ja ein Molekül Glucose in zwei Moleküle Pyruvat aufgespalten wird.

Bei der oxidativen Decarboxylierung wird dem C3-Körper des Pyruvats ein C-Atom in Form von CO_2 und ein H-Atom abgetrennt.

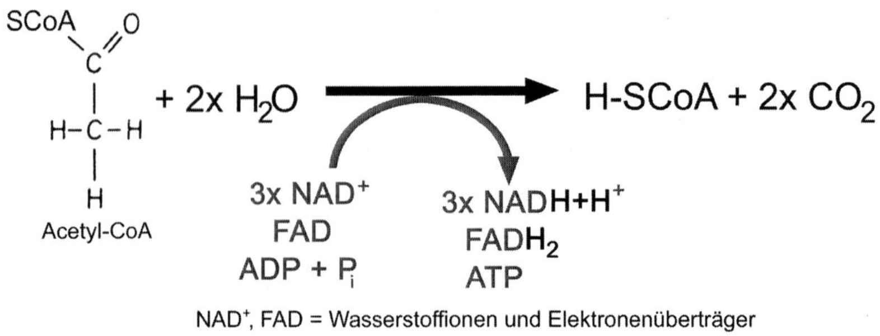

NAD⁺, FAD = Wasserstoffionen und Elektronenüberträger

■ **Abb. 8.10** Reaktion des Citronensäurezyklus

■ **(3) Citronensäurezyklus**

Der Citronensäurezyklus findet in den Mitochondrien statt. In einer zyklisch nacheinander ablaufenden Reaktionskaskade wird Acetyl-CoA abgebaut (■ Abb. 8.10), hierbei entsteht CO_2, ATP wie auch NADH + H⁺ und $FADH_2$. FAD ist genauso wie NAD⁺ ein Wasserstoffionen- und Elektronen überträger. Beide werden in der nachfolgenden Atmungskette benötigt. Der komplette Citronensäurezyklus soll hier zugunsten einer Darstellung der in den Zyklus eingehenden und ausgehenden Stoffe vernachlässigt werden.

■ **(4) Atmungskette**

In der Atmungskette, welche ebenfalls in den Mitochondrien abläuft, findet die Endoxidation statt. Hierfür werden die Elektronen und Wasserstoffionen (Protonen) der Wasserstoffionen- und Elektronenüberträger (NADH + H⁺ und $FADH_2$) mit Sauerstoff zusammengebracht. Die Reaktion von Wasserstoff (H) und Sauerstoff (O) nennt man Knallgasreaktion. Die Knallgasreaktion setzt sehr viel Energie frei. Sie wird in der Technik zum Beispiel dafür genutzt, um Raketen ins Weltall zu schießen. In unserem Körper findet diese Reaktion langsam – in der Atmungskette – statt, damit unser Körper nicht zu Schaden kommt. In der Atmungskette werden Elektronen mit Sauerstoff und dieser dann negativ geladene Sauerstoff mit Wasserstoffionen (Protonen) zusammengebracht. Die hierbei freiwerdende Energie wird in Form von ATP gespeichert.

Ein Molekül NADH + H⁺ ergibt Energie für die Bildung von 3 ATP; 1 Molekül $FADH_2$ für die Bildung von 2 ATP. Der Transport der ATP-Moleküle aus den Mitochondrien in das Zellplasma ist allerdings energieaufwendig, sodass am Ende nur mit 2,5 ATP pro NADH + H⁺ und mit 1,5 ATP $FADH_2$ gerechnet werden kann. Die zwei NADH + H⁺-Moleküle aus der Glykolyse müssen in die Mitochondrien eingespeist werden. NADH + H⁺ kann nicht durch die Membran. Es kommt daher an der Mitochondrienmembran zu einer Elektronenübertragung und je nach Zelle zur Bildung von zwei neuen NADH + H⁺ (Leberzellen, Herzzellen) oder zur Bildung von $FADH_2$-Molekülen (Hirnzellen) aus den beiden NADH + H⁺-Molekülen. Bei der Bildung von $FADH_2$ entsteht ein zusätzlicher Verlust von zwei ATP pro Molekül Glucose.

Bilanz: Aus einem Molekül Glucose entstehen 30 bzw. 32 Moleküle ATP.

8.4 Fettverdauung

8.4.1 Fette (Lipide)

Nahrungsfette bestehen aus Glycerin (dreiwertiger Alkohol) und drei Fettsäuren (siehe ■ Abb. 8.11). Es gibt sehr viele unterschiedliche Fettsäuren. Unser Körper kann zum Teil Fett-

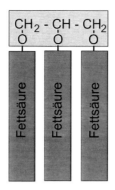

Abb. 8.11 Triglycerid

$$CH_2 - CH - CH_2$$

(Fettsäure | Fettsäure | Fettsäure)

säuren und somit Fette aufbauen. Manche Fettsäuren können von unserem Körper nicht synthetisiert werden (essenzielle Fettsäuren). Ein Nahrungsfett mit drei Fettsäuren nennt man Triglycerid (TG), mit zwei Fettsäuren Diglycerid (DG) und mit einer Fettsäure Monoglycerid (MG).

Neben den Nahrungsfetten gibt es auch noch komplexe Fette. Komplexe Fette bestehen aus weiteren Stoffen und nicht nur aus Glycerin und Fettsäuren (↑ Zelle und Gewebe – Zusatzinformation). Fette haben im Körper unterschiedliche Aufgaben. Sie dienen als Nahrungsspeicher, Isolationsschicht, Polsterung von Organen und als Brennstoff für die Energiegewinnung.

8.4.2 Verdauung und Aufnahme von Fetten (Lipiden)

Die Verdauung der Triglyceride (◻ Abb. 8.12) beginnt im Magen. Durch die Magenperistaltik werden die Fette (Lipide) emulgiert (Emulgierung = feine Einmischung von Fetttröpfchen in eine wässrige Flüssigkeit) und somit wird die Oberfläche vergrößert. Durch diese Oberflächenvergrößerung kann Magenlipase an die Triglyceride gelangen und Fettsäuren abspalten (etwa 5 % der Lipide werden gespalten). Die Magensäure hemmt die Magenlipase, sie wirkt erst verstärkt im Zwölffingerdarm. Aus dem Magen gelangen die Lipide in den Zwölffingerdarm. Im Zwölffingerdarm werden die Lipide durch Zugabe von Gallenflüssigkeit (Gallensäuren) aus der Leber und Gallenblase emulgiert. Aus der Bauchspeicheldrüse werden Lipasen (Enzyme, die Fettsäuren vom Glycerin abspalten) in den Zwölffingerdarm abgegeben. Die Lipasen spalten Triglyceride in Glycerin und Fettsäuren bzw. in Monoglyceride und Fettsäuren auf. Die Fettsäuren und Monoglyceride bilden mit den Gallensäuren Micellen. Die Micellen werden im Dünndarm resorbiert. In der Dünndarmwand werden langkettige Fettsäuen mit Glycerin zu Triglyceriden aufgebaut. Kurz- und mittelkettige Fettsäuren (Fettsäuren mit bis zu zehn C-Atomen) werden ins Blut resorbiert. Die entstandenen Triglyceride werden mit Apolipoproteinen und Phospholipiden zu Chylomikronen verpackt und in die Lymphgefäße abgegeben. Die Chylomikronen werden zu den Fett- und Muskelzellen transportiert.

8.4.3 Energiegewinnung aus Fetten und Speicherung von Fetten

In den Fett- und Muskelzellen werden die Triglyceride durch Lipasen zu Glycerin und Fettsäuren zerlegt. Das Glycerin wird zur Leber transportiert und dort zu Dihydroxyacetonphosphat (Zwischenprodukt des Glucosestoffwechsels) umgebaut und in den Kohlenhydratstoffwechsel eingeschleust. Die Fettsäuren werden über die β-Oxidation zu vielen Molekülen Acetyl-CoA

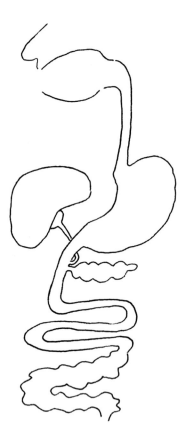

 Abbildung zum Beschriften
Kennzeichnen Sie die Bereiche, die bei der Fettverdauung
mitwirken und erklären Sie, was dort genau passiert

◘ **Abb. 8.12** Übersicht: Verdauung und Aufnahme von Fetten

◘ **Abb. 8.13** Beispiel: β-Oxidation von Caprylsäure

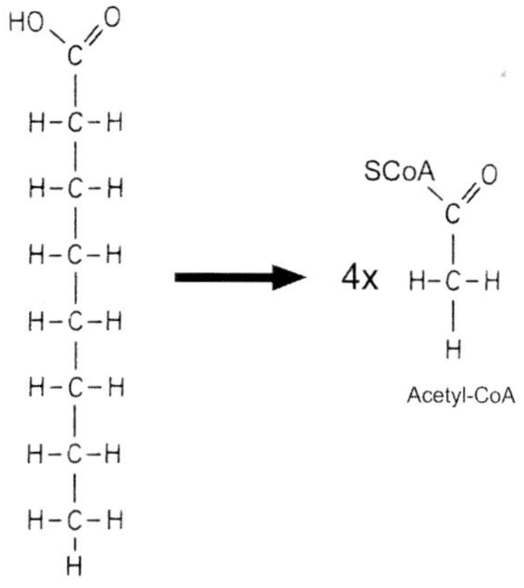

```
        HO    O
          \ C ⁄⁄
           |
        H–C–H
           |
        H–C–H
           |                        SCoA   O
        H–C–H                          \ C ⁄⁄
           |                4x          |
        H–C–H        ━━━▶            H–C–H
           |                            |
        H–C–H                           H
           |                       Acetyl-CoA
        H–C–H
           |
        H–C–H
           |
           H

        Fettsäure
       (Caprylsäure)
```

◘ **Abb. 8.14** Aminosäurekette
(Primärstruktur)

AS = Aminosäure

aufgespalten (◘ Abb. 8.13). Außer in Nervenzellen und Erythrocyten findet die β-Oxidation in allen Zellen statt. Der Chylomikronenrest wird zur Leber transportiert und dort abgebaut.

8.4.4 Fettsynthese

Unser Körper kann auch Fettsäuren aus Acetyl-CoA aufbauen. Die Fettsynthese findet in der Leber statt. Manche Fettsäuren kann unser Körper jedoch nicht synthetisieren. Diese Fettsäuren sind essenzielle Fettsäuren, wir müssen sie über die Nahrung aufnehmen. Linolsäure und Linolensäure zählen hierzu.

8.5 Eiweißverdauung

8.5.1 Eiweiße (Proteine)

Eiweiße sind aus Aminosäuren aufgebaut, es gibt 20 unterschiedliche Aminosäuren, die zur Eiweißsynthese verwendet werden. Aminosäuren können miteinander unter Abspaltung von Wasser eine Bindung eingehen, die Peptidbindung. Je nach Kombination und Anzahl der einzelnen Aminosäuren entstehen unterschiedliche Aminosäureketten (Primärstruktur der Proteine; ◘ Abb. 8.14). Kleine Aminosäureketten werden Peptide und größere Proteine (ab 100 Aminosäuren) genannt.

Durch Wasserstoffbrückenbildung zwischen unterschiedlichen Aminosäuren einer Kette kommt es zu einer räumlichen Struktur (Faltblattstruktur, Zufallsknäul, Helix), der Sekundärstruktur (◘ Abb. 8.15).

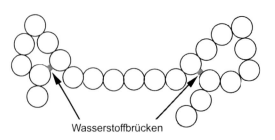

● **Abb. 8.15** Aminosäurekette mit Wasserstoffbrücken (Sekundärstruktur)

Wasserstoffbrücken

Wasserstoffbrückenbildung:
Ein Wasserstoffatom mit einer positiven Teilladung
(Proton der NH-Gruppe) wird von einem elektro-
negativen Atom (O der C=O-Gruppe) angezogen.

Tertiärbindung

● **Abb. 8.16** Bindung von Aminosäureresten (Tertiärstruktur)

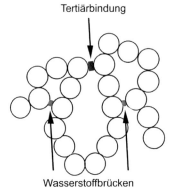

Wasserstoffbrücken

Die räumliche Struktur kann durch Aminosäurereste (Disulfidbrücken, Wechselwirkung zwischen unpolaren Resten, Ionenbindung) zusätzlich geformt werden. Dies ist für die Tertiärstruktur der Proteine verantwortlich (● Abb. 8.16).

Die Zusammenlagerung mehrerer unterschiedlicher Proteinketten führt zur Quartärstruktur.

Proteine sind wichtige Bestandteile der Zelle. Sie werden zur Bildung von Enzymen und Hormonen benötigt. Pflanzen können im Gegensatz zu Tieren Aminosäuren aufbauen, benötigen hierfür jedoch Stickstoff. Der Mensch kann aus einer Aminosäure eine andere Aminosäure bauen. Dieser Umbau ist bei zwölf Aminosäuren möglich. Acht Aminosäuren sind nicht erzeugbar (durch Umbauprozesse), diese acht Aminosäuren sind essenzielle Aminosäuren und müssen über die Nahrung aufgenommen werden.

8.5.2   Verdauung von Proteinen und Aufnahme von Aminosäuren

Im Magen wird die Raumstruktur der Proteine durch die Magensäure verändert (Denaturierung). Pepsin zerlegt hiernach die Proteine in kleinere Polypeptide. Das Pepsin wird in inaktiver Form, dem Pepsinogen, von Zellen der Magenschleimhaut (Hauptzellen der Magenschleimhaut) abgesondert. Durch das saure Milieu wird Pepsinogen zu Pepsin aktiviert. Im Zwölffingerdarm kommen Enzyme aus der Bauchspeicheldrüse (Trypsin, Erepsin) mit den Polypeptiden in Berührung und spalten sie in Aminosäuren auf. Noch nicht aufgespaltene Dipeptide (Kette

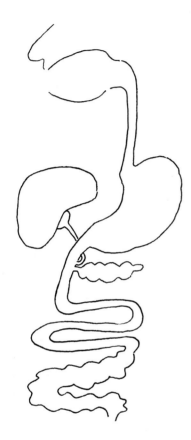

✎ Abbildung zum Beschriften
Kennzeichnen Sie die Bereiche, die bei der EW-Verdauung
mitwirken und erklären Sie, was dort genau passiert

◘ **Abb. 8.17** Übersicht: Verdauung von Proteinen und Aufnahme von Aminosäuren

aus zwei Aminosäuren) werden im weiteren Verlauf des Dünndarms durch Dipeptidasen aufgespalten. Die Aminosäuren werden über die Epithelzellen des Dünndarms aufgenommen und an das Blut abgegeben (◘ Abb. 8.17).

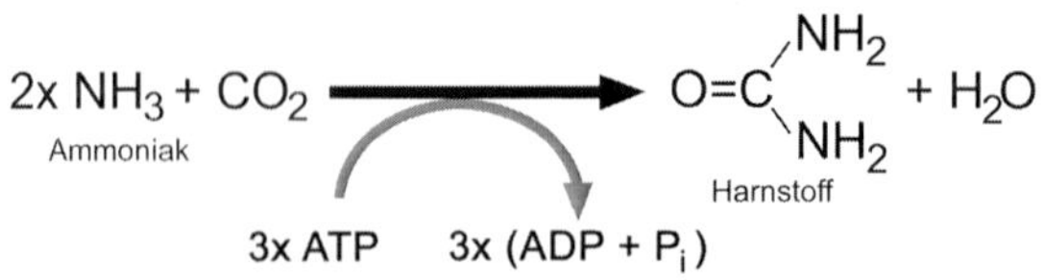

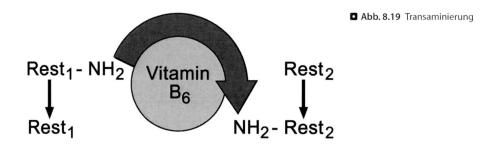

Abb. 8.18 Reaktionsgleichung: Bildung von Harnstoff

$$2x\ NH_3 + CO_2 \longrightarrow O=C\begin{array}{c}\diagup NH_2 \\ \diagdown NH_2\end{array} + H_2O$$

Ammoniak

Harnstoff

$3x\ ATP \qquad 3x\ (ADP + P_i)$

Abb. 8.19 Transaminierung

$Rest_1 - NH_2$ Vitamin B_6 $Rest_2$

$Rest_1$ $NH_2 - Rest_2$

8.5.3 Energiegewinnung aus Aminosäuren und ihr Umbau

■ **Oxidative Desaminierung**

Der erste Abbauschritt von Aminosäuren zur Energiegewinnung findet in der Leber und in der Niere statt. Damit Aminosäuren verstoffwechselt werden können, muss zunächst die Aminogruppe entfernt werden.

Eine Aminosäure wird zu Ammoniak (NH_3) und einem Kohlenhydrat aufgespalten. Das Kohlenhydrat wird in den KH-Stoffwechsel eingespeist und zu Energie verstoffwechselt. Ammoniak ist eine für den Körper giftige Substanz und muss schleunigst entsorgt werden. Dies geschieht in Form von Harnstoff, der über die Niere ausgeschieden wird (↑ Wasser-Elektrolyt-Haushalt). Die Bildung von Harnstoff ist energieaufwendig (■ Abb. 8.18).

■ **Transaminierung**

Die Transaminierung – die „Erzeugung" von Aminosäuren durch Übertragung der Aminogruppe – (■ Abb. 8.19) erfolgt in der Leber, in Herzmuskelzellen und in stoffwechselaktivem Gewebe. Dafür ist Vitamin B₆ erforderlich. Die Aminogruppe wird an ein Kohlenhydrat gebunden und hieraus entsteht eine neue Aminosäure. Leider verfügt unser Körper nicht über alle notwendigen Aminosäurereststrukturen, weshalb nicht alle Aminosäuren mittels Transaminierung hergestellt werden können.

8.6 Vitamine

Pflanzen und „primitive" Organismen sind in der Lage, alle lebensnotwendigen Substanzen selbst aufzubauen. Höhere Lebewesen (mit Ausnahme der Pflanzen) haben diese Fähigkeit verloren. Sie müssen essenzielle Nahrungsbestandteile über die Nahrung aufnehmen. Auch Vitamine sind essenzielle Nahrungsbestandteile.

Vitamine kann man nach ihrer Funktion oder nach ihrer Löslichkeit (wasserlöslich oder fettlöslich, ■ Tab. 8.1) einteilen. Einteilung nach Funktion: Vitamine mit direkter Aufgabe (A, C, D, E) und Vitamine, die Bestandteil eines Coenzyms sind (B, H, K).

☐ **Tab. 8.1** Vitamine

Fettlösliche Vitamine

Vitamin A	Vitamin A kann auch als Provitamin Carotin aufgenommen werden. Vitamin A ist Bestandteil des Sehfarbstoffes (Stäbchen + Zapfen). Vitamin A wird für das Wachstum verschiedener Zellarten (besonders Epithel) benötigt.
Vitamin D	Das Provitamin Cholesterin (tierischer Ursprung) oder Ergosterin (pflanzlicher Ursprung) wird in der Leber umgebaut und in der Haut unter Einwirkung von UV-Strahlung zu Vitamin D_3 und in der Niere zur aktivsten Form D_2 umgebaut. Vitamin D ist an der Calciumresorption beteiligt. Vitamin D nimmt Einfluss auf den Knochenbau.
Vitamin E	Ist ein Antioxidans, es verringert die Oxidation von ungesättigten Fettsäuren, Vitamin A oder Vitamin D.
Vitamin K	Ist beteiligt an der Bildung von Blutgerinnungsfaktoren.

Wasserlösliche Vitamine

Vitamin B	B_1 (Thiamin): Bewirkt die oxidative Decarboxylierung. B_2 (Riboflavin): Ist Bestandteil von FAD. B_3 (Niacin): Ist Bestandteil von NAD^+. B_6 (Pyridoxin): Funktionseinheit bei der Transaminierung.
Vitamin H (Biotin)	Ist beteiligt am Kohlenhydrat- und Fettstoffwechsel (CO_2-Fixierung und -Übertragung).
Vitamin C (Ascorbinsäure)	Fördert die Aufnahme von Eisen. Ist ein Antioxidans. Stärkt das Immunsystem.

8.7 Ernährungsbedingte Krankheiten

▪ **(A) Kwashiorkor**

Beim Kwashiorkor liegt ein extremer Eiweißmangel bei ausreichender Energiezufuhr vor. Die Ernährung mit Kohlenhydraten (Reis, Hirse) ist ausreichend, aber Proteine fehlen.

Dies führt zu:
- einem verminderten Längenwachstum.
- Ansammlung von Gewebewasser (Ödemen) unter der Haut und im Bauchraum, da der kolloidosmotische Druck im Blut nicht mehr stimmt.
- Blutarmut.
- Entstehung einer Fettleber (Lipoproteine, die im Körper synthetisierte Fette transportieren, fehlen).

▪ **(B) Marasmus**

Marasmus ist ein Hungerstoffwechsel – ein Energie- und Eiweißmangel.

Der Hungerstoffwechsel bewirkt, dass Glykogenreserven verbrannt werden, Fettgewebe und Muskelgewebe abgebaut wird.

Dies führt zu:
- schneller Ermüdbarkeit.
- depressiver Gemütslage.
- einem geschwächten Immunsystem.

Energiegehalt und Energiebedarf

Energiegehalt:
1 g Kohlenhydrate ergibt 17,2 kJ
1 g Fett ergibt 38,9 kJ
1 g Eiweiß ergibt 17,2 kJ
Energiebedarf:
Der Energiebedarf eines Menschen ergibt sich aus dem Grundumsatz + Leistungsumsatz.
Grundumsatz:
Der Grundumsatz ist die Energiemenge, die ein Mensch bei völliger Ruhe, zwölf Stunden nach der letzten Nahrungsaufnahme, bei einer Raumtemperatur von 20 °C durchschnittlich benötigt.
Man kann den Grundumsatz mit folgender Formel berechnen:
Gewicht (in kg) · Zeit (in Stunden) · 4,2 kJ
Leistungsumsatz:
Energiemenge, die ein Mensch für zusätzliche Leistungen benötigt

Folgen eines Hungerstoffwechsels vor der Geburt bzw. in den ersten Lebensjahren sind ein kleinerer Kopf und ein kleineres Gehirnvolumen (Zurückbleiben der Intelligenzentwicklung – irreversibel).

- **(C) Karies**

Wirkungsfaktoren von Karies sind: Plaque (Zahnbelag) + kurzkettige Kohlenhydrate (Zucker) + Zeit (Abstand zwischen den Mahlzeiten; bei ausreichender Zeit kann Speichel die Säure neutralisieren).

In der Plaque siedeln sich Bakterien an, die Zucker (kurzkettige Kohlenhydrate) zu Milchsäure abbauen. Die Säure löst Mineralien (Calcium, Phosphat) aus den Zähnen, was zu Löchern führt. (↑ Sinnesorgane – Haut – Krankheiten)

- **(D) Skorbut**

Skorbut entsteht, wenn zu wenig Vitamin C aufgenommen wird. Dies führt zu:
- verzögerter Wundheilung.
- Schwellung des Zahnfleisches und Lockerung der Zähne.
- einer gestörten Knochen- und Zahnentwicklung.
- Hautblutungen.
- Blutarmut (Anämie).
- einer gestörten Herztätigkeit.

? **1. Erklären/definieren Sie die folgenden Begriffe**

α-Amylase
Acetyl-CoA
Aminosäure
Atmungskette
Ballaststoffe
Chylomikron
Citronensäurezyklus
Coenzym
Diglycerid
Disaccharid
Enzym

FADH$_2$

Fettsäure

Gallensäure

Glucose

Glykolyse

Kohlenhydrat

Lipid

Micelle

Monosaccharid

NADH + H$^+$

oxidative Decarboxylierung

oxidative Desaminierung

Peptid

Polysaccharid

Protein

Saccharose

Stärke

Triglycerid

Vitamine

2. Wiederholungsfragen und Wiederholungsaufgaben

1. Welche Nährstoffe gibt es?
2. Wozu benötigt der Körper Nährstoffe?
3. Welche Organe gehören zum Verdauungssystem? Welche Aufgabe haben sie jeweils?
4. Der Dünndarm ist sehr speziell aufgebaut. Wie und warum ist er so gebaut?
5. Wie werden Kohlenhydrate verdaut und aufgenommen?
6. Was geschieht bei der Glykolyse? (Welche Stoffe werden eingesetzt? Welche Stoffe entstehen? Wo findet sie statt?)
7. Was geschieht bei der oxidativen Decarboxylierung? (Welche Stoffe werden eingesetzt? Welche Stoffe entstehen? Wo findet sie statt?)
8. Was geschieht beim Citronensäurezyklus? (Welche Stoffe werden eingesetzt? Welche Stoffe entstehen? Wo findet er statt? Grobe Zusammenfassung mit wenigen Worten: Was ist das Wesentliche, was spielt sich ab?)
9. Was geschieht bei der Atmungskette? (Welche Stoffe werden eingesetzt? Welche Stoffe entstehen? Wo findet sie statt? Grobe Zusammenfassung mit wenigen Worten: Was ist das Wesentliche, was geschieht?)
10. Wie werden Fette verdaut, aufgenommen und abgebaut?
11. Welche Aufgabe hat die Leber beim Fettstoffwechsel?
12. Wie werden Proteine verdaut, aufgenommen und abgebaut?
13. Wie kann der Mensch Aminosäuren „bauen"?
14. Wie werden die überflüssigen Bestandteile der Aminosäuren entsorgt?
15. Nennen Sie wichtige Vitamine und ihre Aufgaben.

3. Vertiefung und Vernetzung mit Zoologie und Botanik

1. Was ist das Gegenstück zur Zellatmung?
2. Wie funktioniert die Energiegewinnung bei Organismen ohne Mitochondrien?
3. Wie funktioniert die Energiegewinnung (Abbau von Glucose) bei Pflanzen?
4. Warum können Pflanzen Aminosäuren herstellen?

5. Wie nehmen Einzeller Nährstoffe auf und zerlegen diese?
6. Wie „verdauen" Pilze und wie nehmen sie Nährstoffe auf?
7. Was sind Lipoproteine? Was ist ihre Aufgabe?

Ergänzende Literatur

Campbell NA, Kratochwil A, Lazar T, Reece JB (2009) Biologie. Pearson, München (8., aktualisierte Aufl. [der engl. Orig.-Ausg., 3. Aufl. der dt. Übers.])
Fahlke C, Linke W, Raßler B, Wiesner R (2008) Taschenatlas Physiologie. Urban & Fischer, München
Horn F (2012) Biochemie des Menschen. Das Lehrbuch für das Medizinstudium, 5. Aufl. Thieme, Stuttgart
Schlieper CA ((2010) Grundfragen der Ernährung, 19. Aufl. Büchner, Hamburg

Seiten für eigene Notizen

Seite für eigene Notizen

Seite für eigene Notizen

Wasser-Elektrolyt-Haushalt

Armin Baur

A. Baur, *Humanbiologie für Lehramtsstudierende*,
DOI 10.1007/978-3-662-45368-1_9, © Springer-Verlag Berlin Heidelberg 2015

9.1   Wasser

Zwischen 50 % und 80 % unseres Körpergewichtes sind Wasser. Ein Mensch mit einem Körpergewicht von 70 kg hat einen Wasseranteil von 35 bis 56 Liter (1 kg Wasser = 1 Liter). Das Körperwasser verteilt sich zu 70 % auf den intrazellulären Raum (Raum in der Zelle) und zu 30 % auf den extrazellulären Raum (Raum außerhalb der Zelle). Der extrazelluläre Raum besteht aus dem Interstitium (Raum zwischen den Zellen im Gewebe) und dem Blutgefäßraum (Blutplasma). Im interstitiellen Raum befinden sich ⅔ des Wassers des extrazellulären Raums. Das Blutplasma macht ⅓ aus.

9.1.1   Funktion des Wassers

- Wasser ist ein Transportmittel, in ihm können sich Stoffe lösen und mit ihm transportiert werden. Beispiele hierfür sind Mineralstoffe, Elektrolyte oder Nährstoffe.
- Wasser ist ein wichtiger Reaktionspartner. Als Beispiel sei hier die Reaktion von CO_2 zu H_2CO_3 angeführt: $H_2O + CO_2 \rightarrow H_2CO_3$
- Wasser ist ein Baustoff, der beim Bau von unterschiedlichsten Molekülen bedeutend ist. Beispiele sind Kohlenhydrate.
- Wasser ist wichtig für die Wärmeregulation unseres Körpers. Dem Wasser kann viel Energie (Wärmenergie) zugeführt werden, ohne dass sich die Temperatur des Wassers verändert. Auch durch die Veränderung des Aggregatzustandes (flüssig zu gasförmig) beim Schwitzen wird viel Energie benötigt. Besitzt unser Körper zu wenig Wasser, kommt es zum Wärmestau im Gewebe.

9.1.2   Störungen des Wasserhaushaltes

- **Hydration**

Eine Anreicherung der Wassermenge über die Toleranzmenge hinaus nennt man Hydration. Zu einer Hydration kann es durch übermäßige Gabe von Infusionen, durch ein Nierenversagen oder durch eine verminderte Herzleistung kommen. Bei einer Hydration entstehen Ödeme, was bedeutet, dass sich Wasser im interstitiellen Raum ansammelt.

- **Dehydration**

Ein starker Wasserverlust wird Dehydration genannt. Zur Dehydration kommt es bei starkem Erbrechen und Durchfall, bei Verbrennungen, starkem übermäßigem Schwitzen, bei Blutungen, einem gestörten Durstverhalten und bei ADH-Mangel (↑ Hormone). Die Gefahren der Dehydration sind Mangeldurchblutung, die Verdickung des Blutes (Verklebung von Kapillaren durch Blutzellen) und Wärmestau im Gewebe.

9.2   Elektrolyte

Atome oder Moleküle, die als Ionen (Kationen und Anionen) vorliegen und elektrische Ladungen tragen, nennt man Elektrolyte. Die Konzentration von Elektrolyten in einer Lösung bestimmt deren osmotischen Druck.

◻ **Tab. 9.1** Wichtige Elektrolyte

Natrium (Na⁺)	– Erregung von Nerven- und Muskelzellen
	– Regulation des osmotischen Drucks
Kalium (K⁺)	– Erregung von Nerven- und Muskelzellen
	– Regulation des osmotischen Drucks
Calcium (Ca²⁺)	– Verleiht Knochen und Zähnen Festigkeit
(der Körper besteht aus ca. 2 % Ca²⁺)	– Beeinflusst die Permeabilität (Durchlässigkeit) der Zellmembran
	– Erregbarkeit der Nerven- und Muskelzellen
	– Wichtig für Blutgerinnung
	– Wirkt auf Herztätigkeit ein
Magnesium (Mg²⁺)	– Enzymaktivator bei Energiestoffwechsel
Chlorid (Cl⁻)	– Regulation osmotischer Druck
	– Salzsäureproduktion im Magen
Phosphat (HPO$_4^{2-}$)	– Bestandteil der Knochen und Zähne
(Hydrogenphosphat)	– Unentbehrlich für den intermediären Stoffwechsel (ATP)
(der Körper besteht aus ca. 1 % HPO$_4^{2-}$)	

◻ **Tab. 9.2** Verteilung der Elektrolyte

	Intrazellulär (in mVal/l)	Extrazellulär (in mVal/l)
K⁺	> 100	8
Na⁺	10	287
Ca²⁺	3	5
Mg²⁺	26	2
Cl⁻	2	218
HPO$_4^{2-}$	95	2
SO$_4^{2-}$	20	1
HCO$_3^-$	8	58

Val = Einheit der Stoffmenge: Stoffmenge eines Stoffes, der ein Mol Wasserstoff binden oder in einer Verbindung ersetzen kann.

mVal/l = Millival pro Liter

9.2.1 Wichtige Elektrolyte

In Tab. 9.1 sind wichtige Elektrolyte mit ihren wichtigsten Funktionen aufgeführt (◻ Tab. 9.1).

9.2.2 Verteilung der Elektrolyte

Die Elektrolyte sind im Inter- und Extrazellularraum unterschiedlich verteilt (◻ Tab. 9.2).

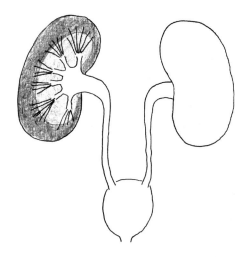

⌕ Abbildung zum Beschriften
Benennen Sie die Bestandteile

◻ **Abb. 9.1** Nieren

9.3   Niere

In der Niere wird der Harn gebildet. In einer Minute gelangt ca. 1 l Blut durch die Niere, was ungefähr einem Fünftel des Herzminutenvolumens entspricht (↑ Herz, Kreislauf, Blut und Lymphe – Herzminutenvolumen).

9.3.1   Aufgabe

— Die Nieren sind für die Ausscheidung von Abbauprodukten (z. B. Harnstoff), Arzneimitteln und von Giftstoffen zuständig.
— Die Nieren regulieren über das Ausscheiden/Zurückresorbieren von Wasser und Elektrolyten den Wasser-Elektrolyt-Haushalt.
— Über die Ausscheidung von H^+ bzw. HCO_3^- kann über die Niere der Säure-Basen-Haushalt mit reguliert werden (zusätzlich zur Regulation über Atmung).

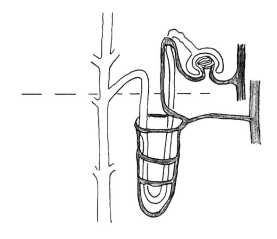

Abbildung zum Beschriften
Benennen Sie die Bestandteile

◻ **Abb. 9.2** Nephron

9.3.2 Anatomie

Ein Mensch besitzt zwei Nieren (◻ Abb. 9.1), die sich unter dem Zwerchfell links und rechts neben der Wirbelsäule befinden.

▪ **Das Nephron**

Nephrone sind die kleinsten Funktionseinheiten der Niere (◻ Abb. 9.2).

Eine Niere besteht aus der außenliegenden Nierenrinde. Auf die Nierenrinde folgt das hypertone Nierenmark. Die kleinste Funktionseinheit der Niere sind die Nephrone (siehe ◻ Abb. 9.2 und ◻ Abb. 9.3), deren Zahl pro Niere bei einem Menschen zwischen 200.000 und 1,8 Mio. betragen kann (Clauss & Clauss, 2009). Die Sammelröhrchen der Nephronen münden in das Nierenbecken, welches über den Harnleiter (◻ Abb. 9.1) in die Harnblase führt. Die Harnblase kann ca. 800 ml Urin fassen. Meist setzt aber schon weitaus früher der Harndrang ein.

Die Blasenentleerung läuft willkürlich ab, wird nach Auslösung aber durch einen Reflex gesteuert. Bei der Entleerung kontrahiert sich die Blasenwand wie auch Bauch- und Beckenmuskulatur.

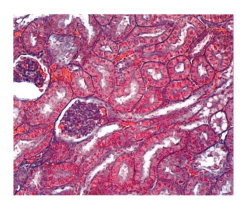

Abb. 9.3 Mikroskopischer Ausschnitt: Niere (Katze) 150-fach vergrößert, gefärbt

9.3.3 Physiologie

- **(1) Vorgänge im Glomerulum (in der Bowman-Kapsel)**

Durch den hohen Blutdruck im Glomerulum (Führung des Blutes mit Blutdruck in kleine offenporige Gefäße) wird das Blut filtriert. Das Filtrat (Blutserum ohne Blutzellen) wird in die Bowman'sche Kapsel abgegeben. Das Filtrat entspricht täglich einer Menge von 150–200 l Primärharn. Der Primärharn setzt sich aus Elektrolyten, Aminosäuren, Glucose und Wasser zusammen. Große Proteine und Blutzellen verbleiben in den Kapillaren (Glomerulum).

- **(2) Vorgänge am Anfang des proximalen Tubulus**

Am Anfang des proximalen Tubulus werden durch Sekretion Harnstoff (↑ Zusatzinformation; ↑ Ernährung und Verdauung – Proteine), Harnsäuren und auch Arzneimittel in den Primärharn abgegeben.

- **(3) Vorgänge am proximalen Tubulus**

Im proximalen Tubulus (■ Abb. 9.4) werden Ionen (Na^+, K^+, Mg^{2+}, Ca^{2+}), Aminosäuren, Glucose und auch Wasser aus dem Primärharn rückresorbiert. Glucose wird hier schon (im proximalen Tubulus) nahezu komplett rückresorbiert. Dies ist bei den anderen Stoffen nicht der Fall. Der Transport der Stoffe erfolgt je nach Stoffart aktiv oder passiv.

- **(4) Vorgänge am absteigenden Ast der Henle-Schleife**

Der absteigende Ast der Henle'schen Schleife ist für Wasser durchlässig, aber für Ionen undurchlässig. In ihm wird dem Filtrat (nach und nach veränderter Primärharn) Wasser entzogen (■ Abb. 9.5).

- **(5) Vorgänge am aufsteigenden Ast der Henle-Schleife**

Im aufsteigenden Ast ist die Durchlässigkeit für Wasser geringer. In diesem Abschnitt erfolgt eine sehr starke Rückresorption von Na^+Cl^- ins Gewebe (■ Abb. 9.6). Dies trägt zur Hypertonie des Nierenmarks bei.

- **(6) Vorgänge am distalen Tubulus**

Rückresorption von Na^+, Cl^-, HCO_3 und Sezernierung (in den Tubulus) von H^+ und K^+ (■ Abb. 9.7).

Die rückresorbierten Stoffe werden in allen Bereichen des Tubulussystems über die Blutgefäße zurück ins Blut aufgenommen. Das gesamte System ist mit feinen Blutgefäßen umgeben.

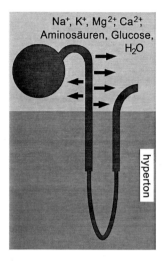

Na⁺, K⁺, Mg²⁺, Ca²⁺,
Aminosäuren, Glucose,
H₂O

hyperton

○ **Abb. 9.4** Vorgänge am proximalen Tubulus

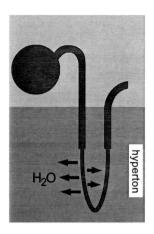

H₂O

hyperton

○ **Abb. 9.5** Vorgänge am absteigenden Ast
der Henle'schen Schleife

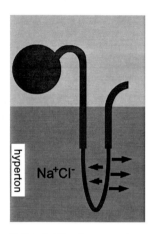

hyperton

Na⁺Cl⁻

○ **Abb. 9.6** Vorgänge am aufsteigenden Ast
der Henle'schen Schleife

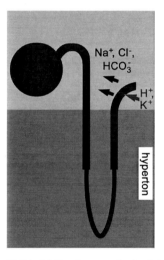

Na⁺, Cl⁻,
HCO₃⁻

H⁺,
K⁺

hyperton

○ **Abb. 9.7** Vorgänge am distalen Tubulus

■ **(7) Vorgänge am Sammelrohr**

Nachdem der Primärharn nach und nach das Tubulussystem durchlaufen hat, fließt er in das Sammelrohr, welches zum Nierenbecken führt. Das Sammelrohr hat steuerbare Wasserkanäle, die Aquaporine. Sie können über Adiuretin (Antidiuretisches Hormon, ADH) (↑ Hormone – ADH) gesteuert werden. Außer Wasser kann noch Harnstoff, Na⁺ und Cl⁻ rückresorbiert werden. Für alle anderen Stoffe ist das Sammelrohr undurchdringlich. Am Ende des Systems fließt der Sekundärharn in das Nierenbecken. Die Menge des Sekundärharns beträgt täglich ca. 1,5 l.

Harnstoff und Harnsäure

Bei der Verstoffwechselung von Aminosäuren zur Energiegewinnung fällt Stickstoff (N) an. Der Stickstoff entstammt der Aminogruppe und wird enzymatisch in Form von Ammoniak (NH_3) abgespalten. Ammoniak ist hochgiftig und muss umgehend aus dem Körper entfernt werden (↑ Ernährung und Verdauung – Oxidative Desaminierung).

Harnstoff

Aus Ammoniak wird in der Leber von Wirbeltieren Harnstoff (◻ Abb. 9.8) gebildet. Harnstoff ist nur schwach giftig. Für seine Herstellung wird aber Energie benötigt.

$$2\,NH_3 + CO_2 + 3\,ATP \rightarrow Harnstoff$$

Harnsäure

Harnsäure (◻ Abb. 9.9) ist nur schwach wasserlöslich (Bindet wenig Wasser an sich und löst – verteilt – sich gering im Körper). Ihre Herstellung erfordert aber sehr viel Energie.

◻ Abb. 9.8 Harnstoff   **◻ Abb. 9.9** Harnsäure

9.4   Hormonelle Steuerung

Der Wasser-Elektrolyt-Haushalt wird über Hormone gesteuert. Beispiele hierfür sind die Hormone ADH und Aldosteron.

Das ADH (Adiuretin, Antidiuretisches Hormon; Peptidhormon, wasserlöslich) kontrolliert die Aquaporine (Wasserkanäle) im Sammelrohr. Über Rezeptoren im Gehirn wird die Osmolarität gemessen. Bei Bedarf wird ADH ausgeschüttet, welches bewirkt, dass die Aquaporine aktiviert werden und Wasser aus dem Sammelrohr rückresorbiert wird. Aldosteron (Steroridhormon, fettlöslich) regt im distalen Tubulus und im Sammelrohr die Na^+-Rückresorption an. Aldosteron veranlasst hierzu bei den entsprechenden Zellen die Proteinsynthese (Hormon wirkt auf Vorgänge im Zellkern). Es werden AIPs (Aldosteron-induzierte Proteine) gebildet, die den Einbau von Natriumkanälen in der Zellmembran erhöhen. Über die vermehrt eingebauten Kanäle wird Na^+ aus dem Tubulus in die Zelle aufgenommen und danach über die Zelle in das Interstitium abgegeben, von wo aus es in die Blutgefäße gelangt.

❓ 1. Erklären/definieren Sie die folgenden Begriffe

ADH
Aldosteron
Anion
Dehydration
Elektrolyt
extrazellulärer Raum
Harnstoff
Hydration
interstitieller Raum
intrazellulärer Raum

Kation

kolloidosmotischer Druck

Nephron

Ödem

Osmolarität

osmotischer Druck

Primärharn

Sekundärharn

? **2. Wiederholungsfragen und Wiederholungsaufgaben**

1. Wie ist das Wasser in unserem Körper verteilt?
2. Wie viel Wasser besitzt ein Mensch?
3. Welche Funktionen hat Wasser in unserem Körper?
4. Welche Störungsarten im Wasserhaushalt gibt es?
5. Nennen Sie wichtige Elektrolyte mit ihren spezifischen Aufgaben/Funktionen.
6. Wie ist die Niere aufgebaut?
7. Wie ist ein Nephron aufgebaut?
8. Wie arbeitet ein Nephron?
9. Was sind die wesentlichen Aufgaben der Niere?
10. Wozu und wie produziert unser Körper Harnstoff?

? **3. Vertiefung und Vernetzung mit Zoologie und Botanik**

1. Wie ist das Wassermolekül aufgebaut?
2. Welche wichtigen/relevanten Eigenschaften besitzt Wasser (Wasserstoffbrücken, Oberflächenspannung …)?
3. Welche Funktionen/Aufgaben hat Wasser bei Pflanzen?
4. Welche anderen stickstoffentsorgenden Verbindungen gibt es außer dem Harnstoff noch? Wo (bei welchem Organismus) finden sich diese?
5. Welche Exkretionsorgane gibt es im Tierreich?

Ergänzende Literatur

Campbell NA, Kratochwil A, Lazar T, Reece JB (2009) Biologie. Pearson, München (8., aktualisierte Aufl. [der engl. Orig.-Ausg., 3. Aufl. der dt. Übers.])

Clauss W, Clauss C (2009) Humanbiologie kompakt, 1. Aufl. Springer Spektrum, Heidelberg

Schmidt RF, Lang F, Heckmann M (Hrsg) (2010) Physiologie des Menschen. Mit Pathophysiologie, 31. Aufl. Springer, Heidelberg

Silverthorn DU (2009) Physiologie, 4. Aufl. Pearson, München

Seite für eigene Notizen

Seite für eigene Notizen

Fortpflanzung und Entwicklung

Armin Baur

A. Baur, *Humanbiologie für Lehramtsstudierende*,
DOI 10.1007/978-3-662-45368-1_10, © Springer-Verlag Berlin Heidelberg 2015

Bei der Fortpflanzung verschmilzt ein haploides Spermium mit einer haploiden Eizelle zur diploiden Zygote. Spermium und Eizelle sind Geschlechtszellen, die in den Geschlechtsorganen gebildet werden.

10.1 Geschlechtsorgane

10.1.1 Anatomie

Die Geschlechtsorgane beider Geschlechter sind in ihrem Aufbau (◘ Abb. 10.1, ◘ Abb. 10.2) bestmöglich an ihre jeweiligen Funktionen (Samenproduktion und Übertragung bzw. Heranreifen der Eizelle und Entwicklungsmöglichkeit des Fetusses) angepasst.

- **(A) Männliche Geschlechtsorgane**

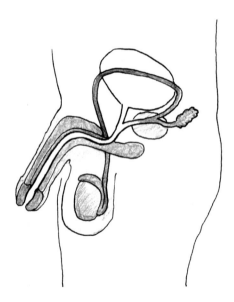

Abbildung zum Beschriften
Benennen Sie die Geschlechtsorgane

◘ **Abb. 10.1** Männliche Geschlechtsorgane

■ **(B) Weibliche Geschlechtsorgane**

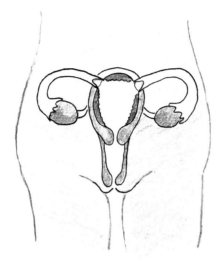

✎ Abbildung zum Beschriften
   Benennen Sie die Geschlechtsorgane

🔲 **Abb. 10.2** Weibliche Geschlechtsorgane

10.1.2 **Physiologie**

■ **(A) Männliche Geschlechtsorgane**

Hoden: In den beiden Hoden reifen die Keimzellen (Spermien) heran. Die Hoden sind im Hodensack, der außerhalb des Körpers gelagert ist, untergebracht. Die Lage begünstigt tiefere Temperaturen im Vergleich zur Temperatur im Körperinneren. Die tiefere Temperatur ist wichtig, damit die Spermien richtig reifen können. Die Bildung von Spermien dauert 80 Tage, hierbei bilden sich im Hoden nach der Geburt aus den Urkeimzellen Spermatogonien. Diese teilen sich ab der Pubertät durch Mitose. Eine Tochterzelle bleibt als Stammzelle erhalten und die andere teilt sich durch Meiose in Spermatiden. Die Spermatiden entwickeln sich nun zu beweglichen Spermien (Elongation), die einen Kopf und einen Schwanz besitzen. Im Kopf des Spermiums befindet sich der Gensatz und das Akrosom (das Akrosom ist ein spezielles Lysosom; ↑ Befruchtung). Im Mittelstück befinden sich Mitochondrien, die später Energie für die Bewegung erzeugen. Die Mitochondrien des Spermiums werden nach der Befruchtung in der Eizelle zerstört und abgebaut.

Nebenhoden: Die gebildeten Spermien gelangen in den Nebenhoden, hier entwickeln sie sich weiter und werden beweglich. Ein Spermium kann pro Minute eine Strecke von 3–3,5 mm zurücklegen.

Samenleiter: Im Samenleiter werden die Spermien transportiert. Beim Samenerguss (Ejakulation) werden die Spermien mit hohem Druck der Samenleitermuskulatur in die Harnröhre gespritzt.

Bläschendrüse: In den beiden Bläschendrüsen wird eine alkalische und zuckerreiche Flüssigkeit gebildet, welche ein Bestandteil des Spermas ist.

Vorsteherdrüse (Prostata): Durch die Vorsteherdrüse wird ein Sekret gebildet, das beim Samenerguss in die Harnröhre abgegeben wird. Die Vorsteherdrüse ist von einer starken Muskulatur umgeben, welche bei Kontraktion das Sekret in die Harnröhre presst, wo es mit den Spermien zusammentrifft und das Sperma bildet. Das Sperma ist zuckerreich, damit die Spermien Energie für ihre Bewegung haben. Die Alkalität neutralisiert das saure Milieu der Scheide und schützt hierdurch die Spermien.

Schwellkörper: Die Schwellkörper des Penis füllen sich bei Erregung mit Blut. Dies führt zur Versteifung und zur Aufrichtung des Gliedes. Dieser Vorgang wird vom Parasympathicus gesteuert (↑ Nervensystem – Vegetatives Nervensystem).

- **(B) Weibliche Geschlechtsorgane**

Eierstöcke (Ovarien): In den Eierstöcken reifen die Follikel heran. Aus den Urkeimzellen entstehen in der Fetalzeit durch Mitose diploide Oogonien. Die Oogonien (nicht alle) beginnen sich durch Meiose zu teilen, bleiben aber in der Prophase der 1. Reifeteilung der Meiose stehen, es entstehen primäre Oocyten. Sie werden von Follikelepithel umgeben, diese Struktur wird als Primärfollikel bezeichnet. Die Primärfollikel bleiben bis zur Pubertät in diesem Zustand. Jedes Ovar (Eierstock) besitzt ca. 400.000 Primärfollikel. Ausgelöst von Hormonen bilden sich monatlich aus einigen Primärfollikeln Sekundärfollikel (Bildung der Zona pellucida und einer hormonbildenden Zellschicht). Die Sekundärfollikel wachsen heran und werden nun Tertiärfollikel genannt. Nur einer der Tertiärfollikel entwickelt sich zum sprungreifen Follikel. Die anderen Tertiärfollikel werden abgebaut. Noch vor dem Eisprung (Ovulation) beendet der Follikel die 1. Reifeteilung und beginnt die 2. Reifeteilung, diese Reifeteilung wird erst nach der Befruchtung abgeschlossen. Beim Eisprung platzt der Follikel auf und entlässt die Eizelle (Oocyte) in die trichterförmige Öffnung des Eileiters. Im Eierstock bleibt der Rest des Follikels zurück und bildet den Gelbkörper. Der Gelbkörper produziert Hormone. Wird die Eizelle nicht befruchtet, degeneriert der Gelbkörper.

Eileiter: Die Eileiter sind mit Flimmerepithel ausgekleidet, das einen Flüssigkeitsstrom erzeugt. Der erzeugte Strom (Flüssigkeit aus dem Bauchraum in den Eileiter) führt zur Aufnahme der vom Eierstock abgegebenen Eizelle in den Eileiter. Die Eizelle bewegt sich im Eileiter in Richtung Gebärmutter, hierbei helfen das Flimmerepithel und peristaltische Kontraktionen der Eileitermuskulatur.

Gebärmutter (Uterus): Die Wand der Gebärmutter besteht aus drei Schichten. Eine dieser Schichten, das Endometrium, wird monatlich erneuert und bei der Menstruation abgestoßen. Wurde die Eizelle befruchtet, nistet sie sich in der Gebärmutterschleimhaut (in das Endometrium) ein und wächst hier zum Fetus (Fötus) heran.

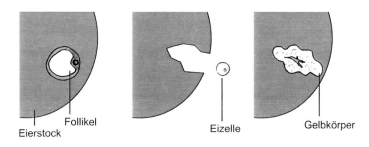

Abb. 10.3 Follikel, Eisprung und Gelbkörper

Eierstock — Follikel   Eizelle   Gelbkörper

10.2 Ovarialzyklus und Menstruationszyklus

- **(A) Ovarialzyklus (siehe auch ◘ Tab. 10.1)**

Das vom Hypothalamus freigegebene Hormon GnRH (Gonadotropin-Releasing-Hormon) wirkt auf die Hypophyse und bewirkt die Freisetzung von FSH (Follikelstimulierendes Hormon) und LH (Luteinisierendes Hormon). Die beiden Hormone bewirken das Wachstum von Follikeln. Der Follikel, der am besten auf die Hormonstimulation anspricht, kommt zur vollständigen Reife, die anderen werden abgebaut. Der Follikel gibt zunehmend Östradiol (ein Östrogen) ab. Wenn der Follikel heranwächst, steigt auch die Östradiolabgabe an. Östradiol fördert die Freisetzung von GnRH, was zur gesteigerten Abgabe von FSH und LH in der Hypophyse führt. Dies wiederum bewirkt die endgültige Reifung des Follikels. Der Follikel entwickelt einen flüssigkeitsgefüllten Hohlraum und wölbt sich. Er befindet sich mittlerweile am Randbereich des Eierstocks. Die hohe LH-Konzentration lässt den Follikel und die angrenzende Wand des Eierstockes aufplatzen, es kommt zum Eisprung. Das LH bewirkt, dass sich das im Eierstock zurückbleibende Follikelgewebe zum Gelbkörper umwandelt (◘ Abb. 10.3). Die Eizelle gelangt in den Eileiter. Der Gelbkörper gibt Progesteron und Östradiol ab, die Kombination beider Hormone verringert die Ausschüttung von GnRH. Die verminderte Abgabe von FSH und LH führt zur Degeneration des Gelbkörpers und dadurch zur Unterbindung seiner Hormontätigkeit. Die sinkende Progesteron-Östradiol-Konzentration veranlasst den Hypothalamus, GnRH abzugeben. Der Zyklus beginnt von Neuem. Wird jedoch die Eizelle befruchtet, bleibt der Gelbkörper erhalten.

- **(B) Menstruationszyklus (siehe auch ◘ Tab. 10.1)**

Die vom Follikel bzw. vom Gelbkörper gebildeten Hormone Östradiol und Progesteron bewirken, dass die Gebärmutterschleimhaut auf eine mögliche Einnistung der Eizelle vorbereitet wird. Das vom Follikel gebildete Östradiol verursacht eine Verdickung des Endometriums (obere Schicht der Gebärmutterschleimhaut). Nach dem Eisprung gibt der Gelbkörper Östradiol und Progesteron ab, was zur weiteren Entwicklung und zur Aufrechterhaltung des Endometriums beiträgt. Die Gebärmutterschleimhaut wird stärker durchblutet und entwickelt Drüsengewebe, welches den Embryo anfänglich ernähren kann. Diese Phase des Menstruationszyklus wird Sekretionsphase genannt. Kommt es zur Degeneration des Gelbkörpers (wenn die Eizelle nicht befruchtet wird oder sich nicht einnistet), fällt der Östradiol- und Progesteronspiegel ab, was zur Verengung der Blutgefäße im Endometrium führt. Durch die Minderversorgung baut sich das Endometriumgewebe ab. Kleine Blutgefäße im Endometrium ziehen sich zusammen. Ihr enthaltenes Blut bildet zusammen mit Flüssigkeit und endometrialem Gewebe die Regelblutung.

◻ **Tab. 10.1** Ovarialzyklus und Menstruationszyklus

Hormone	Ovarialzyklus	Menstruationszyklus
FSH und LH fördern das Follikelwachstum Östrogene fördern die GnRH-Ausschüttung, was den Aufbau der Uterusschleimhaut unterstützt	**Follikelphase:** – Follikel wächst heran – Follikel gibt zunehmend Östrogene ab	**Menstruationsphase:** – Menstruationsblutung = Abbau der Uterusschleimhaut und Flüssigkeitsabgabe **Proliferationsphase:** – Aufbau der Uterusschleimhaut
FSH steigt LH steigt Östrogene	**Ovulation (Eisprung):** – durch die hohe LH-Menge kommt es zum Eisprung	
Progesteron steigt Östrogene steigen (beide Hormone zusammen wirken mindernd auf GnRH) FSH sinkt LH sinkt	**Lutealphase:** – das zurückgebliebene Follikelgewebe wird zum Gelbkörper – Gelbkörper gibt Progesteron und Östrogene ab	**Sekretionsphase:** – Progesteron und Östrogene fördern die Verdickung der Uterusschleimhaut
wenig FSH wenig LH Östrogen sinkt Progesteron sinkt	**Degeneration des Gelbkörpers:** – da wenig FSH und LH, degeneriert der Gelbkörper – wegen der Degeneration wird kein Progesteron und Östrogen mehr gebildet (beim Einnisten, wird der Gelbkörper am Leben gehalten)	– das Absinken von Progesteron und Östrogen führt zur Verengung der Blutgefäße in der Uterusschleimhaut und dies wiederum zur Unterversorgung

10.3 Befruchtung

Beim Geschlechtsverkehr gelangt das Sperma des Mannes in die Scheide der Frau und befindet sich zunächst vor dem Muttermund. Im abgegebenen Sperma (3–5 ml) sind bis zu 600 Millionen Spermien enthalten. Die Spermien gelangen in die Gebärmutter und bewegen sich in die Eileiter. Nur ein sehr kleiner Teil der Spermien (ca. 500) schafft diesen Weg und trifft auf die Eizelle. Einem einzigen Spermium gelingt es, die Hülle der Eizelle zu durchdringen (◻ Abb. 10.4). Um die Eihülle zu durchdringen, müssen zuerst die Follikelzellen, die die Eizelle umgeben, durchdrungen werden. Ist dies erfolgt, setzt das Spermium durch Exocytose den Inhalt des Akrosoms frei. Das Akrosom ist ein spezielles Lysosom (↑ Zelle und Gewebe), welches Enzyme enthält. Die freigesetzten Enzyme machen die Zona pellucida für das Spermium durchdringbar. Nun verschmilzt die Membran des Spermiums mit der Plasmamembran der Eizelle. Der Kontakt der Spermienzelle mit der Plasmamembran der Eizelle löst eine Depolarisation der Plasmamembran aus. Die Depolarisation führt zur Exocytose der Corticalgranula. Die Corticalgranula sind Vesikel, die Enzyme und Makromoleküle beinhalten. Sie befinden sich in der Eizelle direkt bei der Plasmamembran. Die freigesetzten Enzyme der Corticalgranula härten die Zona pellucida. Damit wird die Eihülle für weitere Spermien undurchdringbar und eine Polyspermie verhindert. Nun wird das komplette Spermium mit Schwanz in die Eizelle aufgenommen. Die beiden Kerne lösen ihre Kernhülle auf und verschmelzen. Die durch die Fusionierung der Kerne entstandene Zelle heißt „Zygote". Bestandteile des Spermienkörpers werden zum Teil für die entstehende Zygote verwendet. So bildet das im Spermium enthaltene Centriol die Mitosespindeln für die Zellteilung. Die „männlichen" Mitochondrien werden abgebaut. Die Mitochondrien der entstandenen befruchteten Eizelle stammen nur von der Mutter (aus der Eizelle).

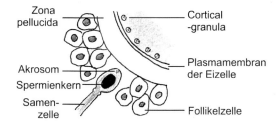

Zona pellucida

Akrosom

Spermienkern

Samen-
zelle

Cortical
-granula

Plasmamembran
der Eizelle

Follikelzelle

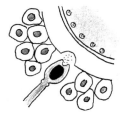

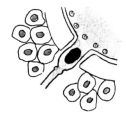

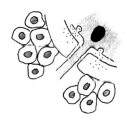

Abbildung zum Beschriften
Beschreiben Sie die Vorgänge in den Abbildungen

☐ **Abb. 10.4** Befruchtung

10.4   Entwicklung

Die nach der Befruchtung stattfindende Entwicklung von der Zygote zum Neugeborenen wird in drei Abschnitte, Trimester, von jeweils drei Monaten untergliedert.

▪ 1. Trimester

24 Stunden nach der Befruchtung beginnt sich die Zygote zum ersten Mal zu teilen (Furchung). Drei bis vier Tage nach der Befruchtung ist eine vielzellige Kugel entstanden, die Morula. Die Morula entwickelt sich zur Blastocyste (sieben Tage nach der Befruchtung). Die Blastocyste nistet sich fünf Tage nach ihrer Entstehung in die Gebärmutterschleimhaut ein. Sie wird anfänglich von der Gebärmutterschleimhaut ernährt. In der Blastocyste kommt es zur Umstrukturierung der Zelle und hiermit zur Differenzierung der Körperstrukturen des Embryos. Das embryonale Gewebe verzahnt sich mit der Gebärmutterschleimhaut und bildet die Placenta aus. Im Embryo bilden sich die Organe. Das Herz des Embryos schlägt in der vierten Schwangerschaftswoche zum ersten Mal. Am Ende der achten Woche sind alle wichtigen Körperstrukturen angelegt. Der Embryo hat eine Größe von ca. 5 cm (etwa daumengroß) und wird nun Fötus oder Fetus genannt.

▪ 2. Trimester

Das zweite Trimester ist die Zeit des hauptsächlichen Größenwachstums. Am Ende dieses Trimesters sind viele Organe ausgebildet (die Lungen jedoch noch nicht) und die Sinne nehmen Reize aus der Umwelt auf. Die äußeren Geschlechtsorgane sind ab der 13. Schwangerschaftswoche gebildet (ab der 25. Schwangerschaftswoche ist diese Geschlechtsorganbildung abgeschlossen). Der Fetus (Fötus) trinkt Fruchtwasser und scheidet Urin aus. Unter dem Zahnfleisch haben sich Milchzähne gebildet. Der Fetus hat mittlerweile eine Größe von 30 cm.

▪ 3. Trimester

Das Gehirn des Fetus nimmt an Masse zu. Aus der bisherigen glatten Oberfläche bildet sich die charakteristische Gehirnstruktur. Das Kind kann schmecken und Schmerzen empfinden. Es nimmt nun seine Geburtsposition ein.

▪ Geburt

Die Hormone Oxytocin und Prostaglandine stimulieren die Kontraktion der Gebärmuttermuskulatur. Der Stress, der durch die Wehen ausgelöst wird, fördert die weitere Ausschüttung von Oxytocin und Prostaglandinen (positive Rückkopplung, ↑ Hormonsystem). Der Geburtsvorgang kann in drei Phasen unterteilt werden: Eröffnungsphase, Austreibungsphase und Nachgeburtsphase. Nach der Geburt entfalten sich beim Neugeborenen die Lungen. Durch die Entfaltung kommt es zu einer stärkeren Durchblutung, was zum Verschluss der bisherigen Verbindungen (Foramen ovale und Ductus arteriosus, ↑ Zusatzinformation) des Lungen- und Körperkreislaufs führt.

10.5   Geschlechtskrankheiten

▪ (A) Hepatitis B

Hepatitis B ist eine Leberentzündung, die durch das Hepatitis-B-Virus (HBV) ausgelöst wird. HBV wird über das Blut oder andere Körperflüssigkeiten übertragen. Es handelt sich zwar um keine Geschlechtskrankheit im eigentlichen Sinne, aber mehr als die Hälfte der Infektionen entsteht durch Sexualkontakte.

„Abkürzung" im fetalen Kreislaufsystem

Der Fetus (Fötus) atmet noch nicht über seine Lungen, er bekommt seinen Sauerstoff von der Mutter über die Plazenta. Seine Lungen sind noch nicht belüftet. Das Blut im fetalen Kreislauf muss und kann daher noch nicht in vollem Ausmaß die Lungen durchströmen, wie es nach der Geburt der Fall ist. Das Blut fließt daher über zwei „Abkürzungen" an den Lungen „vorbei":

- **Foramen ovale**: Ein Loch (das Foramen ovale) in der Vorhofscheidewand lässt Blut aus dem rechten Vorhof in den linken durchdringen.
- **Ductus arteriosus**: Eine Verbindung (der Ductus arteriosus) zwischen der Lungenarterie und der Aorta leitet Blut aus dem Lungenkreislauf in den Körperkreislauf.

Nach der Geburt entfalten sich beim ersten Atemzug die Lungen, was eine stärkere Durchblutung und hierdurch ein verändertes Druckverhältnis zur Folge hat. Dies führt zum Verschluss des Foramen ovale und des Ductus arteriosus.

▪ (B) Syphilis

Syphilis ist eine durch Bakterien ausgelöste Infektionskrankheit. Die Infektion führt zunächst zur Bildung von Geschwüren und zur Schwellung der Lymphknoten. Im weiteren Verlauf kann es zur Zerstörung des Nervensystems kommen. Syphilis wird über Schleimhautkontakt (Geschlechtsverkehr) übertragen.

▪ (C) AIDS

Eine HIV-Infektion und daraus folgende Erkrankungen werden als AIDS (*Acquired Immune Deficiency Syndrome*) bezeichnet. Das HI-Virus zerstört das Immunsystem und macht den Körper anfällig gegen Infektionen. Die Ansteckrate durch ungeschützten Geschlechtsverkehr ist immer noch sehr hoch.

▪ (D) Tripper (Gonorrhoe)

Tripper ist eine Infektion mit Kugelbakterien durch intensiven Schleimhautkontakt (Sexualkontakt). Es kommt zu einem brennenden Scherz beim Wasserlassen, einem eitrigen Ausfluss und unter Umständen zu Fieber.

▪ (E) Herpes

Herpes ist eine Infektion der Haut durch das Herpes-simplex-Virus. Es gibt zwei Typen von Herpes-simplex-Viren: Herpes-simplex-Virus 1 [HSV 1] (oraler Stamm = Lippenherpes) und Herpes-simplex-Virus 2 [HSV 2] (genitaler Stamm = Genitalherpes).

Nach der Erstinfektion kommt es zum Ruhezustand (lebenslang) in den Nervenknoten (Ganglien), gelegentlich bricht aber die Infektion erneut aus. Dies wird durch die Schwächung des Immunsystems begünstigt – oft durch Stress. Beim Ausbruch der Herpesinfektion bilden sich Bläschen, es treten grippeähnliche Beschwerden und unter Umständen Fieber auf. Eine bevorzugte Stelle des HSV 1 ist der Übergangsbereich zwischen Haut und Lippe. Das Herpes-simplex-Virus 1 wird über Speichelkontakt und das Herpes-simplex-Virus 2 über Geschlechtsverkehr übertragen. (↑ Sinnesorgane – Haut – Krankheiten)

❓ 1. Erklären/definieren Sie die folgenden Begriffe

Akrosom

Bläschendrüse

Corticalgranulum

diploid

Eierstöcke

Eileiter

Embryo

Fetus/Fötus

Follikel

FSH

Gebärmutter

Gebärmutterschleimhaut

Gelbkörper

haploid

Hoden

LH

Menstruationszyklus

Nebenhoden

Östrogene

Ovarialzyklus

Ovarien

Polyspermie

Progesteron

Samenleiter

Sperma

Testosteron

Uterus

Vorsteherdrüse

Zona pellucida

Zygote

❷ 2. Wiederholungsfragen und Wiederholungsaufgaben

1. Beschreiben Sie den Bau und die Funktion der männlichen Geschlechtsorgane.
2. Beschreiben Sie den Bau und die Funktion der weiblichen Geschlechtsorgane.
3. Beschreiben Sie die Phasen des Ovarialzyklus: Follikelphase, Ovulation, Lutealphase und Degeneration des Gelbkörpers. Beziehen Sie die auslösenden/wirkenden Hormone ein.
4. Beschreiben Sie die Phasen des Menstruationszyklus: Menstruationsphase, Proliferationsphase und Sekretionsphase. Beziehen Sie die auslösenden/wirkenden Hormone ein.
5. Beschreiben Sie die Befruchtung.
6. Aus welchem Grund kann es zu keiner Polyspermie kommen?
7. Beschreiben Sie die wesentlichsten Punkte bei der Entwicklung einer Zygote zum Neugeborenen.
8. Worin unterscheiden sich Zygote, Embryo und Fetus (Fötus)?

❷ 3. Vertiefung und Vernetzung mit Zoologie und Botanik

1. Vergleichen Sie die Fortpflanzung bei Einzellern, Pflanzen und Tieren.
2. Manche Tiere können sich durch Parthenogenese (Jungfernzeugung) fortpflanzen. Suchen Sie nach unterschiedlichen Arten, die dies können. Erarbeiten Sie Vor- und Nachteile der Parthenogenese.
3. Gibt es bei Pflanzen etwas Vergleichbares zur Parthenogenese?

Ergänzende Literatur

Campbell NA, Kratochwil A, Lazar T, Reece JB (2009) Biologie. Pearson, München (8., aktualisierte Aufl. [der engl. Orig.-Ausg., 3. Aufl. der dt. Übers.])

Clauss W, Clauss C (2009) Humanbiologie kompakt, 1. Aufl. Springer Spektrum, Heidelberg

Purves W, Sadava D, Held A, Markl J (2011) Purves Biologie, 9. Aufl. Springer Spektrum, Heidelberg

Seite für eigene Notizen

Seite für eigene Notizen

Lösungen: Wiederholungsfragen und Wiederholungsaufgaben

Armin Baur

A. Baur, *Humanbiologie für Lehramtsstudierende*,
DOI 10.1007/978-3-662-45368-1_11, © Springer-Verlag Berlin Heidelberg 2015

11.1   Zelle und Gewebe

(1) Welche Zellbestandteile gibt es in einer tierischen Zelle (dazu gehören auch menschliche Zellen)?

Grundwissen	Zellkern mit dem Nucleolus, Zellkernhülle, raues und glattes endoplasmatisches Reticulum, Ribosomen (freie und membrangebundene), Vesikel, Lysosomen, Centriolen, Golgi-Apparat, Mitochondrien, Zellmembran, Cytoplasma, Zellkontakte (Desmosomen, Gap junctions, Tight junctions)
Vertieftes Wissen	DNA, Mitochondrien-DNA, RNA, Enzyme (für Energieerzeugung etc.), Cytoskelett (Actinfilamente, Intermediärfilamente und Mikrotubuli), Kinesinmoleküle

(2) Welche Aufgaben/Funktionen haben die einzelnen Zellbestandteile?

Grundwissen	Zellkern: Enthält den größten Teil des genetischen Materials. Der Zellkern steuert über die Proteinsynthese die Vorgänge in der Zelle.
	Raues endoplasmatisches Reticulum: Die membrangebundenen Ribosomen synthetisieren Proteine (zur Verwendung außerhalb der Zelle oder in der Zellmembran).
	Glattes endoplasmatisches Reticulum: In ihm werden unter anderem Fettsäuren und Lipide (Fette) gebildet.
	Ribosomen: An ihnen findet die Proteinbiosynthese statt.
	Vesikel: In ihnen werden Substanzen durch die Zelle transportiert.
	Lysosomen: In ihnen werden aufgenommene Substanzen oder abgestorbene Zellbestandteile abgebaut.
	Centriolen: Bilden Spindelfasern, die die Chromosomen bei der Zellteilung in die jeweils entgegengesetzte Richtung zu den Zellpolen ziehen.
	Golgi-Apparat: Besteht aus vielen Membranzisternen, mit diesen verschmelzen Vesikel, die mit verschiedenen Substanzen gefüllt sind (z. B. Proteine vom rauen endoplasmatischen Reticulum, Lipide …). Die jeweiligen Substanzen werden gespeichert, umgebildet und weitertransportiert.
	Mitochondrien: ATP-Gewinnung.
	Zellmembran: Umschließt die Zelle. Die Membran ist für den geregelten Austausch von Stoffen zuständig.
	Cytoplasma: In ihm befinden sich die Zellorganellen.
	Zellkontakte: Zusammenhalt der Zellen oder Kommunikationsstelle zwischen den Zellen.
Vertieftes Wissen	Zellkern: Im Zellkern befindet sich der Nucleolus, in dem Untereinheiten der Ribosomen hergestellt werden.
	Raues endoplasmatisches Reticulum: In den Zellen der Bauchspeicheldrüse wird im rauen endoplasmatischen Reticulum Insulin hergestellt.
	Glattes endoplasmatisches Reticulum: Im glatten endoplasmatischen Reticulum wird in den Leber- und Muskelzellen Glykogen gespeichert. In endokrinen Drüsen werden hier Steroidhormone aufgebaut, z. B. die Geschlechtshormone.
	Ribosomen: Zu Beginn sind auch die membrangebundenen Ribosomen frei, eine Signalsequenz der entstehenden Aminosäurekette führt dazu, dass das Ribosom mit entstehender Aminosäurekette an das raue endoplasmatische Reticulum angelagert wird und das entstehende Protein in das raue endoplasmatische Reticulum abgegeben wird.
	Vesikel: Vesikel sind mit molekularen Kennzeichen (Zieladresse) versehen (z. B. einem Phosphatrest), die von Rezeptoren der Zielmembran erkannt werden.
	Golgi-Apparat: In den Nervenzellen werden die Neurotransmitter im Golgi-Apparat aufgebaut und über Mikrotubulibahnen zu den Nervenendigungen transportiert.

Mitochondrien: Für die ATP-Gewinnung laufen in den Mitochondrien bestimmte Vorgänge ab (↑ Citronensäurezyklus, Atmungskette). Ein Teil des ATPs wird auch mitochondrienunabhängig gewonnen (↑ Glykolyse).

Zellmembran: Über die Membran werden auch Signale von außen nach innen geleitet – bindet ein Stoff an einen Rezeptor der Membran, werden hierdurch Reaktionen in der Zelle ausgelöst.

Zellkontakte: An manchen Zellkontaktstellen ist es wichtig, dass diese Verbindungen dicht sind (z. B. bei Zellen an der Darmwand), damit keine (unerwünschten) Substanzen zwischen den Zellen hindurchgelangen können.

Cytoskelett: Die Bestandteile des Cytoskeletts durchziehen die Zelle und stützen sie. Die Mikrotubuli stützen nicht nur, sondern werden auch als Schienen für den Transport von Vesikeln verwendet.

Kinesinmoleküle: Befördern Vesikel entlang der Mikrotubuli.

(3) Wie ist die Zellmembran aufgebaut? Welchen Vorteil bietet der Aufbau?

Grundwissen

Die Zellmembran besteht aus zwei übereinander gestapelten Schichten von Phospholipiden, hierbei sind die hydrophoben Teile miteinander verbunden und die hydrophilen stehen nach außen (bzw. zur Innenseite der Zelle). Zwischen den Phospholipidmolekülen befinden sich noch Proteine (Rezeptoren, Carrier, Tunnel).

Vorteil:
- Abgrenzung des Innen- und Außenmilieus (hydrophil und hydrophob)
- Kontrollierter Transport in die Zelle (Carrier, Tunnel)
- Möglichkeit zur Bildung von Vesikeln (Transport)
- Kommunikation mit Außenmedium (Rezeptoren)

Vertieftes Wissen

Die Phospholipiddoppelschicht ist kein starres Gebilde. Die Moleküle sind ständig in Bewegung (sie „schwimmen" in der Membran).

Die Kohlenhydratketten, der in der Membran enthaltenen Proteine, bilden durch ein Geflecht mit Kollagenfasern eine extrazelluläre Matrix.

Vorteil:
- der Situation angepasste Veränderung des Aufbaus (z. B. Einbau von zusätzlichen Kanälen etc.)
- die extrazelluläre Matrix stützt den Zellverband

(4) Welche zellulären Transportvorgänge für den Im- und Export gibt es? Wie funktionieren sie?

Grundwissen

Einfache Diffusion: Eigenbewegung der Teilchen führt zu einem Konzentrationsausgleich.

Osmose: Diffusion durch eine semipermeable Membran.

Erleichterte Diffusion: (= passiver Transport) Ist ein bestimmter Stoff zu groß für die normalen Zellmembranporen, kann dieser durch ein spezielles Protein (Tunnelprotein) gelangen. Dieses lässt spezifisch Teilchen durch sich selbst hindurch.

Aktiver Transport: Transport über Pumpen entgegen des Konzentrationsgefälles unter Aufwendung von Energie.

Endo-/Exocytose: Bei der Endocytose gelangt eine Substanz von außen an die Zellmembran, diese stülpt sich ein (in die Zelle hinein) und umschließt die Substanz. Es entsteht ein Vesikel, das sich von der Membran löst und ins Cytoplasma gelangt. Die Exocytose funktioniert genau umgekehrt.

Vertieftes Wissen	Einfache Diffusion: Eigenbewegung durch Brown'sche Molekularbewegung.
	Erleichterte Diffusion: Außer den Tunnelproteinen (Kanalproteinen) gibt es auch Carrierproteine, die ohne ATP arbeiten und ihre Stoffe durch Konformationsveränderung transportieren. Die Transportproteine sind stoffspezifisch.
	Primär aktiver Transport: Über Carrierproteine, die unter ATP-Aufwand Teilchen durch die Zellmembran, entgegen ihres Konzentrationsgefälles, transportieren.
	Sekundär aktiver Transport: Beim sekundär aktiven Transport wird die Energie, die durch die Wanderung eines Teilchens in Richtung des Konzentrationsgefälles frei wird, dazu verendet, um ein anderes Teilchen gegen den Konzentrationsgradienten zu transportieren. Meist durch Pumpen (energiegesteuerte Carrierproteine), die unter Einsatz von ATP für ein Konzentrationsgefälle sorgen, sodass Stoffe bestrebt sind, in die Zelle zurückzuwandern, um die Konzentration auszugleichen und hierbei andere Teilchen mitnehmen (Cotransport eines Carriers).
	Phagocytose: Endocytose eines festen Teilchens (bei Einzellern meist kleine Organismen).
	Pinocytose: Endocytose von Flüssigkeiten.

(5) Pflanzliche Zellen sind durch die Zellwand miteinander verbunden. Wie sind tierische Zellen miteinander verbunden?

Grundwissen	Punktdesmosomen, Gap junctions, Tight junctions
Vertieftes Wissen	Kohlenhydratketten, der in der Membran enthaltenen Proteine, bilden durch ein Geflecht mit Kollagenfassern eine extrazelluläre Matrix.

(6) Vergleichen Sie einen Einzeller mit einer menschlichen Zelle. Was ist vergleichbar (identisch) und was ist anders?

Grundwissen	**Menschliche Zelle**	**Einzeller**
	Zellmembran vorhanden	Zellmembran vorhanden
	DNA ist im Zellkern enthalten	DNA ist im Zellkern enthalten
	keine Plasmide vorhanden	keine Plasmide vorhanden
	Manche Zellorganellen besitzen zwei Membranen (Mitochondrien)	Manche Zellorganellen besitzen zwei Membranen (Mitochondrien, Chloroplasten) oder auch vier (Chloroplasten)

Vertieftes Wissen	**Bakterien**
	Zellmembran anders
	Kein Zellkern, DNA „schwimmt" im Cytoplasma
	DNA ist auch als Plasmid vorhanden
	Keine Mitochondrien oder Chloroplasten

(7) Welche Gewebsarten gibt es?

Grundwissen	Epithelgewebe, Binde- und Stützgewebe, Nervengewebe, Muskelgewebe.
Vertieftes Wissen	Außer den vier Hauptgewebsarten gibt es in manchen Organen auch noch spezifisches Gewebe.

(8) Nennen Sie zu jeder Gewebeart Beispiele.

Grundwissen	Epithelgewebe: Dünndarmmucosa, Flimmerepithel der Atemwege, Schleimhäute, Epidermis (Haut), Harnweg, Geschlechtswege …
	Binde- und Stützgewebe: Knochen, Blutzellen …
	Nervengewebe: Rückenmark, periphere Nervenzellen …
	Muskelgewebe: Bizeps, Ciliarmuskel …

Vertieftes Wissen	Oberflächenbildendes Epithel: Dünndarmmucosa …
	Drüsenepithel: Schweißdrüse, Becherzelle im Dünndarm, Speicheldrüse …
	Sinnesepithel: Netzhaut …
	Alle drei Arten gehören zum Epithelgewebe.

(9) Betrachten Sie die grobe Anatomie der Organe Dünndarm und Herz und ordnen Sie den Strukturen der beiden Organe einzelne Gewebearten zu. (Wo am Herzen finden Sie Muskelgewebe? Wo Epithelgewebe? …)

Grundwissen	Dünndarm: Die Darmzotten sind mit oberflächlichem Epithelgewebe, der Mucosa, überzogen. Darunter befindet sich Bindegewebe. Zwischen der Mucosa und Serosa (Epithel, welches Dünndarm zum Körperinneren hin abgrenzt) befinden sich zwei Schichten Muskulatur (Muskelgewebe); die Längsmuskulatur und die Ringmuskulatur.
	Herz: Das Herz ist ein muskuläres Hohlorgan – die Herzmuskulatur besteht aus quergestreiften Muskelzellen (Muskelgewebe). Der gesamte Innenraum des Herzens wird von einem einschichtigen Epithel, dem Endokard, ausgekleidet (Epithelgewebe). Die vier Klappen des Herzens sind an Bindegewebsfaserringen befestigt. Sie bilden mit dazwischenliegendem Bindegewebe das „Skelett" des Herzens, an dem die Herzmuskulatur ansetzt.
Vertieftes Wissen	—

11.2 Atmung

(1) Wozu atmen wir?

Grundwissen	Um O_2 für die Zellatmung aufzunehmen und CO_2 (Abbauprodukt aus dem Stoffwechsel) abzugeben.
Vertieftes Wissen	Zur Bildung von ATP werden O-Atome benötigt. Die O-Atome reagieren in den Mitochondrien (Atmungskette) mit Elektronen und H^+-Ionen, die durch den Abbau der Nährstoffe gewonnen werden, zu H_2O. Die ablaufende Reaktion heißt „Knallgasreaktion". Bei der Knallgasreaktion wird viel Energie frei, die über die Bildung von ATP aus ADP und Pi gespeichert wird.
	Beim Abbau der Nährstoffe fällt CO_2 an, das abgegeben werden muss, da es sonst in Form von Kohlensäure den pH-Wert des Blutes verändern würde.

(2) Welche Aufgaben/Funktion hat die Nase?

Grundwissen	– Reinigung der Luft
	– Anfeuchtung der Luft
	– Erwärmung der Luft
Vertieftes Wissen	Die Lage der inneren Nasenlöcher (Choanen) im hinteren Bereich des Gaumendaches führt Luft am Mundraum vorbei in den Rachenraum. Dies trifft bei Säugetieren und bestimmten Reptilien zu und ermöglicht, dass ohne Unterbrechung des Atmens gekaut werden kann. Was speziell für Säugetiere wichtig ist, da sie viel O_2 benötigen, um ihre Körpertemperatur konstant zu halten.

(3) Wie gelangt der Sauerstoff ins Blut? Wie Kohlenstoffdioxid aus dem Blut?

Grundwissen	Durch Diffusion. Die Konzentration von Sauerstoff im Blut ist, wenn das Blut die Alveolen erreicht, gering. Die Konzentration von O_2 ist in den Alveolen groß, was zum Konzentrationsausgleich führt.
	Bei CO_2 verhält es sich genau umgekehrt.
Vertieftes Wissen	—

(4) Wie wird der Sauerstoff zu den Zellen transportiert? Wie wird Kohlenstoffdioxid zur Lunge transportiert?

Grundwissen	O_2 wird in den Erythrocyten an das Hämoglobin gebunden und über das Blut zu den Zellen transportiert. CO_2 wird zu einem kleinen Teil als CO_2 (gelöst im Blutplasma) zum größten Teil als HCO_3^- (Bicarbonat) transportiert.
Vertieftes Wissen	Die Löslichkeit von O_2 und CO_2 im Wasser ist gering, durch Bindung von O_2 an das Hämoglobin bzw. durch die Reaktion von CO_2 mit Wasser zu HCO_3^- kann mehr von diesen Stoffen im Blut aufgenommen werden. Die Reaktion von Wasser und CO_2 zu HCO_3^- wird durch das Enzym Carboanhydrase (in den Erythrocyten) verstärkt (Synonym: Carboanhydratase). Ein sehr kleiner Teil (5 %) des CO_2 wird ebenfalls über das Hämoglobin, in Form von Carbaminohämoglobin, transportiert.

(5) Welche Funktion hat der Kehlkopf (mit Kehldeckel)?

Grundwissen	Er verhindert, dass Nahrungsbrei oder Nahrungsbrocken in die Luftröhre gelangen. Über den Verschluss kann Druck in den Atemwegen aufgebaut und dann abgelassen werden, um Fremdkörper abzuhusten. Im Kehlkopf befinden sich die Stimmbänder, mit denen wir Laute erzeugen.
Vertieftes Wissen	Wenn wir schlucken, hebt sich der Kehlkopf an. Dies führt dazu, dass sich der Kehldeckel unter den Zungenrand schiebt und hierdurch nach unten gedrückt wird.

(6) Wie ist die Ein- und Ausatemluft zusammengesetzt?

Grundwissen	Einatemluft: 21 % O_2, 0,04 % CO_2, 78 % Stickstoff Ausatemluft: 16 % O_2, 4 % CO_2, 78 % Stickstoff
Vertieftes Wissen	Die Werte von CO_2 schwanken innerhalb der älteren und neueren Literatur. Dies liegt daran, dass sich die Konzentration erhöht hat.

(7) Wie funktioniert die Brustatmung?

Grundwissen	Das Grundprinzip von Brust- und Bauchatmung ist eine Vergrößerung des Lungenvolumens und dadurch ein Absenken des Drucks (Luftdruck) in der Lunge → Erzeugung von Unterdruck. Wenn der Druck (Luftdruck) außen größer ist als innen, wird Luft in die Lunge gedrückt. Beim Ausatmen wird durch das Verkleinern des Lungenvolumens die Luft wieder nach außen gedrückt. Die Lunge ist über ein Vakuum (Brustfell „Pleura") mit dem Brustkorb verbunden. Zwischen den Rippen gibt es Muskulatur, die die Rippen nach vorne oben zieht, und entgegengesetzte Muskulatur, die die Rippen nach unten ziehen kann. Einatmung: Die Rippen werden nach vorne oben gezogen. Das Lungenvolumen vergrößert sich. Ausatmen: Die Muskulatur erschlafft, die zum Einatmen wichtig ist, der Brustkorb senkt sich (Schwerkraft, Elastizität des Lungengewebes), die entgegengesetzte Muskulatur unterstützt die Verkleinerung des Brustraums (Verkleinerung des Lungenvolumens).
Vertieftes Wissen	Das Brustfell (Pleura) besteht aus dem Lungenfell, dem Rippenfell und dem Pleuraspalt. Die beiden Felle (Lungenfell und Rippenfell) haften durch ein Vakuum im Pleuraspalt zusammen. Der Pleuraspalt ist mit Flüssigkeit gefüllt, was eine Verschiebung der beiden Felle möglich macht. Kommt es zum Lufteintritt in den Pleuraspalt, kollabiert der Lungenflügel.

(8) Wie funktioniert die Bauchatmung?

Grundwissen	Einatmung: Das Zwerchfell senkt sich ab (Kontraktion der Zwerchfellmuskulatur). Dies führt zur Vergrößerung des Lungenvolumens. Ausatmung: Die Zwerchfellmuskulatur erschlafft, die Elastizität des Lungengewebes und der Druck „zusammengedrückter" Bauchorgane verkleinern das Lungenvolumen.
Vertieftes Wissen	Das Zwerchfell ist mit dem Lungenfell verbunden.

(9) Wie wird die Atmung gesteuert?

Grundwissen	Die Atmung wird vom verlängerten Mark (Medulla oblongata) gesteuert.
Vertieftes Wissen	Die Neuronen des verlängerten Rückenmarks erzeugen rhytmisch Impulse, die über Motoneuronen die Atmung steuern. Rezeptoren (Dehnungsrezeptoren, chemische Rezeptoren) senden Signale an das Atemzentrum und beeinflussen die Atmung (Frequenz, Atemtiefe).

(10) Wann und wie übersäuert das Blut?

Grundwissen	Wenn sich zu viel CO_2 im Blut ansammelt, wird viel Kohlensäure gebildet.
Vertieftes Wissen	Es gibt eine metabolische und eine respiratorische Azidose (Übersäuerung des Blutes). Bei der respiratorischen (atmungsbedingten) Azidose kommt es durch CO_2 zur Übersäuerung. Reaktionsgleichung: $CO_2 + H_2O \leftrightarrow H_2CO_3 \leftrightarrow HCO_3^- + H^+$ Bei der metabolischen Azidose kommt es durch den Stoffwechsel zur Übersäuerung des Blutes, z. B. durch vermehrte Zufuhr oder Bildung von Säuren (Lactatazidose, Ketoazidose). Puffersystem: Das H_2CO_3/HCO_3^--System ist ein wichtiger Puffer zur Erhaltung des pH-Wertes des Blutes (normaler Wert 7,3 bis 7,4). Das H_2CO_3/HCO_3^--Verhältnis kann durch Abatmen von CO_2 bzw. verlangsamte Atmung oder über die Niere (Rückresorption von HCO_3^-, Abgabe von H^+) verändert werden.

11.3 Herz, Kreislauf, Blut und Lymphe

11.3.1 Herz

(1) Wie ist das Herz aufgebaut?

Grundwissen	Das Herz des Menschen besteht aus zwei Vorhofen und zwei Herzkammern. Die beiden Herzkammern sind durch eine Herzscheidewand getrennt. Zwischen den Vorhöfen und den Herzkammern befinden sich die Segelklappen. Die Herzkammern und Vorhöfe sind durch Bindegewebe (Ventilebene, in der sich auch die Klappen befinden) voneinander getrennt. Zwischen den Herzkammern und den abgehenden Blutgefäßen sind Taschenklappen.
Vertieftes Wissen	Das Herz ist ein muskuläres Organ. Die Myokardzellen (Arbeitsmuskelzellen) sind Muskellzellen – quergestreifte unwillkürliche Muskulatur (Herzmuskulatur). Das Herz besteht nicht nur aus der Muskelschicht (Myokard), es ist innen mit einem Epithel (Endokard) überzogen. Außen umschließt der Herzbeutel (Perikard) das Herz. Die Herzkranzgefäße versorgen das Herzgewebe mit Blut (O_2, Nährstoffe). Die Herzkranzarterien (Koronararterien) entspringen der Aorta und die Herzkranzvenen (Koronarvenen) münden in den rechten Vorhof.

(2) Wie funktioniert die Reizleitung des Herzens?

Grundwissen	Die Reizleitung des Herzens ist autonom. Der Taktgeber ist der Sinusknoten, der einen Impuls an die Vorhofmuskulatur abgibt. Der Impuls gelangt zum AV-Knoten und von dort über das His-Bündel durch die isolierende Bindegewebsschicht (Ventilebene) zu den Tawara-Schenkeln, die den Impuls über die Purkinje-Fasern auf die Herzkammermuskulatur übertragen.
Vertieftes Wissen	Die Myokardzellen (Arbeitsmuskellzellen des Herzens) haben wie die Nervenzellen ein Membranpotenzial und erzeugen bei Reizung ein Aktionspotenzial. Die Reizung erfolgt über die Gap junctions der Nachbarzellen. Das Aktionspotenzial löst in der Zelle eine Freisetzung von Ca^{2+} aus dem sarkoplasmatischen Reticulum aus (vergleichbar zu den Muskellzellen der Skelettmuskulatur), hinzu kommt ein geringer Einstrom von Ca^{2+} in die Zelle. Das Ca^{2+} macht die Bindungsstellen am Actin (↑ Gleitfilamenttheorie) frei. Die Erregung der Myokardzellen wird vom Reizleitungssystem ausgelöst. Die Zellen des Reizleitungssystems unterscheiden sich von den Myokardzellen, sie sind größer und besitzen weniger kontraktile Elemente.

(3) Erklären Sie den Weg eines Blutkörperchens von der Hohlvene bis zum Aortenbogen.

Grundwissen	Blutkörperchen gelangt über eine Hohlvene (obere, untere) in den rechten Vorhof und nach der Kontraktion von diesem an der Segelklappe vorbei in die rechte Herzkammer. Nach der Kammerkontraktion gelangt das Blutkörperchen über die Lungenarterie in die Lungenkapillaren und von dort über eine Lungenvene in den linken Vorhof. Vom linken Vorhof aus gelangt das Blutkörperchen an der Segelklappe vorbei in die linke Herzkammer. Nach der Kammerkontraktion kommt das Blutkörperchen in die Aorta und von dort aus in den Körper.
Vertieftes Wissen	—

(4) Wie funktioniert das Herz?

Grundwissen	Das Herz ist ein Saug-Pump-Organ. Die Venen transportieren das Blut in die Vorhöfe, der Saugeffekt des Herzens wirkt hierbei mit. Durch die sich öffnenden Segelklappen und die Kontraktion der Vorhofmuskulatur gelangt das Blut in die Herzkammern. Durch die Kontraktion der Herzkammermuskulatur verschließen sich die Segelklappen. In der Herzkammer wird ein Druck aufgebaut, ist er größer als der Druck der anliegenden Arterien (Lungenarterie, Aorta), öffnen sich die Taschenklappen und das Blut wird in die Blutgefäße gepresst. Segelklappen: Sind mit Fasern an der Kammerinnenwand befestigt. Erschlafft das Herz, kommt Zug auf die Fasern, die Segelklappen öffnen sich. Kontrahieren die Herzkammern, drückt das Blut auf die Segelklappen, die Klappen schließen sich. Die Fasern verhindern ein Umklappen. Taschenklappen: Ist der Druck des Blutes in der Herzkammer größer als in dem anliegenden Blutgefäß, öffnen sich die Taschenklappen. Ist der Druck in den Blutgefäßen größer, schließen sich die Taschenklappen.
Vertieftes Wissen	Systole = Austreibungsphase Diastole = Füllungsphase Bei der Kontraktion der Kammermuskulatur verkürzt sich das Herz, was zur Verschiebung der Ventilebene (Ebene, in der sich die Herzklappen befinden; Bindegewebe zwischen Vorhöfen und Herzkammern) zur Herzspitze hin zur Folge hat. Hierdurch kommt es zur Saugwirkung in den Vorhöfen (durch Vergrößerung der Vorhofvolumina), und es verkleinern sich die Volumina in den Herzkammern, was zum Druckaufbau führt. Zusätzlich kommt es bei der Kontraktion der Herzkammern zu einer gegenläufigen Verdrehung von Herzspitze und Herzbasis, was zum „auswringen" der linken Herzkammer führt.

(5) Welche Drücke werden in den Herzkammern aufgebaut? Warum?

Grundwissen	Rechte Kammer: 20 mmHg Linke Kammer: 120 mmHg Der Druck in der linken Herzkammer wird höher, da das Blut der Aorta (Windkesselfunktion) auf die linke Taschenklappe drückt. Das Blut muss solch einen hohen Druck haben, damit es im Körperkreislauf die Zirkulation antreibt. In der rechten Herzkammer muss lediglich der Druck des Lungenkreislaufes überwunden werden, der um ein Vielfaches kleiner ist.
Vertieftes Wissen	1 mmHg bedeutet 1 Milimeter Quecksilbersäule 1 mmHg entspricht = 0,0013 bar

11.3.2 Kreislauf

(1) Wie ist eine Vene gebaut?

Grundwissen	– dünne Muskulatur (glatte Muskulatur) – Venenklappen
Vertieftes Wissen	Nach den Kapillaren folgen die Venolen, danach die Venen, die in die Hohlvenen münden.

(2) Wie ist eine Arterie gebaut?

Grundwissen	– dicke Muskulatur (glatte Muskulatur) – elastische Fasern in der Gefäßwand
Vertieftes Wissen	Die Aorta teilt sich in die Arterien, diese in die Arteriolen, und diese münden in die Kapillaren.

(3) Wie wird das Blut in den Venen angetrieben?

Grundwissen	– Venenklappen verhindern Rückfluss, was das Blut nur Richtung Herz fließen lässt. – Venen werden durch anliegendes Gewebe (bei Bewegungen) und benachbarte Arterien (durch Pulswellen) zusammengepresst. – Saugwirkung des Herzens.
Vertieftes Wissen	—

(4) Wie wird das Blut in den Arterien angetrieben?

Grundwissen	– Pumpwirkung des Herzens. – Windkesselfunktion der Aorta. – Pulswellen: Das Weiten und hierauf folgende Zusammenziehen durch die elastischen Fasern der Arterienwand führen zum Weitertransport des Blutes.
Vertieftes Wissen	Durch die Veränderung des Durchmessers der Arterien (durch Muskelkontraktion, bzw. -dilatation) wird die Pulswelle verändert (Strömungsgeschwindigkeit, Druck).

(5) Wie gelangen die Stoffe zu den Zellen (aus dem Blut)?

Grundwissen	– Die Gase (O_2, CO_2) über Diffusion durch die Gefäßwände der Kapillaren. – Fettlösliche Stoffe gelangen über Diffusion durch die Gefäßwände der Kapillaren ins Gewebe. – Wasserlösliche Stoffe gelangen über die Kapillarporen ins Gewebe (mit der Filtration oder durch Diffusion).
Vertieftes Wissen	—

(6) Wie kommt es zum diastolischen Blutdruckwert?

Grundwissen   Durch die Windkesselfunktion der Aorta.

Vertieftes Wissen   —

11.3.3 Blut

---

(1) Wie ist das Blut zusammengesetzt?

Grundwissen   Erythrocyten, Leukocyten, Thrombocyten, Blutplasma

Vertieftes Wissen   Blutplasma: Wasser, Elektrolyte, Fibrinogen (wird bei Verletzungen zu Fibrin um-
                     gebaut), Komplementsystem
                     Leukocyten: T-Lymphocyten, B-Lymphocyten, natürliche Killerzellen, Granulocy-
                     ten, Monocyten (entwickeln sich zu Makrophagen), dendritische Zellen

(2) Wo werden die einzelnen Blutkörperchen gebildet?

Grundwissen   Erythrocyten im roten Knochenmark
                     Leukocyten im roten Knochenmark (Lymphocyten: Prägung in Organen des
                     Lymphsystems)
                     Thrombocyten im roten Knochenmark

Vertieftes Wissen   Prägung der Leukocyten:
                     T-Lymphocyten: Prägung im Thymus
                     B-Lymphocyten: Prägung in den Knochen

(3) Was sind die Aufgaben der einzelnen Blutkörperchen?

Grundwissen   Erythrocyten: Transport von O_2 und zum geringen Teil von CO_2
                     Leukocyten: Immunsystem
                     Thrombocyten: Blutgerinnung

Vertieftes Wissen   Spezifisches (adaptives) Immunsystem:
                     – T-Lymphocyten: T-Killerzellen töten befallene Körperzellen; T-Helferzellen
                       regen B-Lymphocyten an
                     – B-Lymphocyten: bilden Antikörper
                     Angeborenes Immunsystem:
                     – Makrophagen: phagocytieren Pathogene
                     – Granulocyten: zerstören Bakterien, Würmer
                     – Dendritische Zellen: Aufnahme von Toxinen
                     – Natürliche Killerzellen: eliminieren kranke Zellen

(4) Was sind die Aufgaben des Blutes?

Grundwissen   – Stofftransport (Gase, Nährstoffe, Hormone)
                     – Wärmeregulation
                     – Immunsystem
                     – Wundheilung

Vertieftes Wissen   – Mitregulation von Säure-Basen-Haushalt: Bildung von HCO_3^- über Hämoglobin
                       und Pufferfunktion von Proteinen im Blut (Bindung von H^+)
                     – Mitregulation von Wasser-Elektrolyt-Haushalt durch osmotischen Druck des
                       Blutes

11.3.4 Lymphe und Lymphsystem

(1) Wie entsteht die Lymphe?

Grundwissen   Durch Filtration des Blutes in den Kapillaren. Ein großer Teil (90 %) des Filtrates wird wieder in die Blutgefäße aufgenommen. 10 % verbleiben als Lymphe im Gewebe.

Vertieftes Wissen   —

(2) Aus was besteht Lymphe?

Grundwissen   Lymphe besteht bei der Filtration aus Blutplasma mit Inhaltsstoffen, welches durch die Kapillarporen gelangen kann. Sie ist, da sie ins Gewebe dringt und sich mit der interstitiellen Flüssigkeit vermischt, in der späteren Zusammensetzung gleich der interstitiellen Flüssigkeit.

Vertieftes Wissen   Je nach Bereich kann sich die Lymphe in ihrer Zusammensetzung unterscheiden. Im Dünndarm ist sie zum Beispiel reich an Chylomikronen (Moleküle, die Fett transportieren).

(3) Warum wird ein Lymphsystem benötigt?

Grundwissen   Da über den kolloidosmotischen Druck nur 90 % des Filtrates wieder ins Blut aufgenommen werden können.

Vertieftes Wissen   —

(4) Wie wird die Lymphe ins Blut zurücktransportiert? Wo gelangt sie ins Blut?

Grundwissen   Über das Lymphsystem (Lymphgefäße), welches in den rechten und linken Venenwinkel (sind nahe des Herzens) mündet.

Vertieftes Wissen   Lymphgefäße haben Klappen (wie Venen), die den Transport in nur eine Richtung erlauben. Durch Körperbewegung kommt es zur Kontraktion der Lymphgefäße und dadurch zum Transport. Zusätzlich gibt es eine rhythmische Kontraktion der glatten Muskulatur der Lymphgefäße.

(5) Was sind die Aufgaben der Lymphe?

Grundwissen   Zellen, Nährstoffe und Proteine ins Gewebe zu bringen und Rückführung von Proteinen aus dem interstitiellen Raum.

Vertieftes Wissen   Das Lymphsystem hat noch eine Kontroll- und Abwehraufgabe. In der Lymphe befinden sich antigenpräsentierende Zellen, die in den Lymphknoten mit Lymphocyten in Kontakt treten. Manche Stoffe, die in der interstitiellen Flüssigkeit enthalten sind, können nicht in die Blutgefäße, sie werden in den Lymphknoten „ausgefiltert".

11.3.5 Immunsystem

(1) Wie funktioniert die unspezifische Immunreaktion?

Grundwissen   Gelangt ein Pathogen in den Körper, dann wird es von den Akteuren des unspezifischen Immunsystems bekämpft. Die Akteure können hierbei zwar zwischen körpereigenen Zellen und Fremdzellen unterscheiden, sie können aber spezifische Pathogene, die den Körper schon einmal befallen haben, nicht erkennen.
Das unspezifische Immunsystem schafft es nicht immer, alle Pathogene zu eliminieren.

Vertieftes Wissen	Humorale Reaktionen werden durch Substanzen hervorgerufen, die: – die Durchblutung des betroffenen Gewebes erhöhen (zum Befördern von Immunzellen und -substanzen) – Gefäße für Immunzellen durchlässig machen – Einwanderung von Immunzellen hervorrufen. Ein Bestandteil der löslichen (humoralen) Komponente ist das Komplementsystem (Reihe vorerst inaktivierter Proteine), welches im Kontakt mit Pathogenen aktiviert wird und membranauflösende Komponenten hervorbringt. Zelluläre Reaktionen finden durch Fresszellen (neutrophile Granulocyten, Makrophagen, dendritische Zellen, natürliche Killerzellen) und stoffabgebende Zellen (eosinophile Granulocyten, basophile Granulocyten, Mastzellen) statt.

(2) Wie funktioniert die spezifische Immunreaktion?

Grundwissen	Bei der spezifischen Immunreaktion wird von einem Makrophagen oder dendritischen Zelle ein Antigen präsentiert. Hierauf werden die T-Lymphocyten, die auf das Antigen spezialisiert sind, aktiviert. Die T-Killerzellen zerstören befallene Zellen. Die T-Helferzellen vermitteln bei der Antikörperherstellung durch die Plasmazellen.
Vertieftes Wissen	T-Killerzellen orientieren sich am MHC-I-Molekül und T-Helferzellen am MHC-II-Molekül. MHC ist ein Molekül an der Zellmembran, in welchem, von Körperzellen und präsentierenden Zellen des Immunsystems, Fragmente des Antigens eingebunden werden. Über MHC-I-Moleküle werden Antigenfragmente, die in einer Körperzelle enthalten sind, und über MHC-II-Moleküle werden Antigenfragmente, die von Fresszellen aufgenommen wurden, präsentiert.

(3) Wozu benötigt der Körper Gedächtniszellen?

Grundwissen	Über die Gedächtniszellen werden Lymphocyten, die gegen ein bestimmtes Pathogen wirksam sind, „gespeichert", damit sie im Bedarfsfall aktiviert werden können. Dies ermöglicht eine raschere spezifische Reaktion bei einem zweiten oder weiteren Kontakt mit dem Erreger.
Vertieftes Wissen	—

(4) Was ist die Antigen-Antikörper-Reaktion?

Grundwissen	Bei der Antigen-Antikörper-Reaktion binden sich Antikörper (von Plasmazellen produziert) an Antigene. Die Antigene werden dadurch in ihrer Bewegung und in ihrer Bindungsfähigkeit an Wirtszellen eingeschränkt und für Abbauzellen des Immunsystems gekennzeichnet.
Vertieftes Wissen	Ein Antikörper heißt auch Immunglobulin (Ig). Der Antikörper erkennt über seine beiden Bindungsarme einen Teil des Antigens, das sogenannte Epitop. Passen die Bindungsstellen des Antikörpers mit dem Epitop zusammen, verbindet sich der Antikörper mit dem Epitop (mit dem Antigen).

(5) Wo werden die Immunzellen gebildet und gespeichert?

Grundwissen	Bildung: Alle Zellen des Immunsystems werden aus Stammzellen im Knochenmark gebildet. Prägung: Die B- und T-Lymphocyten müssen nach ihrer Bildung geprägt (aussortiert) werden, damit sie kein körpereigenes Gewebe zerstören. T-Lymphocyten werden im Thymus und B-Lymphocyten in den Knochen geprägt. Speicherung/Aufenthalt: Die T- und B-Lymphocyten befinden sich hauptsächlich in den Lymphknoten (antigenpräsentierende Zellen wandern in die Lymphknoten ein). Die anderen Zellen befinden sich im Blut oder im Gewebe.
Vertieftes Wissen	(siehe Übungsblatt auf der zugehörigen Verlagsinternetseite zu diesem Buch)

11.4 Bewegung

(1) Welche Gelenkarten gibt es? In welche Richtungen sind sie bewegbar?

Grundwissen	Kugelgelenk: Kreisende Bewegungen, Bewegungen zu allen Seiten hin Scharniergelenk: Beuge- und Streckbewegung Drehgelenk: Drehungen Sattelgelenk: Bewegung zu allen Seiten hin
Vertieftes Wissen	Eigelenk: Ähnlich wie das Kugelgelenk, jedoch hat der Gelenkkopf eine Eiform. Das Eiglenk ist im Verglich zum Kugelgelenk in seiner Bewegungsmöglichkeit eingeschränkt. Zapfengelenk: Unter einem Drehgelenk wird streng genommen ein Zapfengelenk oder ein Gleitgelenk mit Drehbewegung verstanden. Es gibt auch Gleitgelenke, die keine Drehbewegungen, aber Beugungen ermöglichen (Fingerwurzelknochen).

(2) Wie ist ein Gelenk aufgebaut?

Grundwissen	Echtes Gelenk: Die beiden zum Gelenk gehörenden Knochen sind von einem mit Flüssigkeit gefüllten Gelenkspalt getrennt. An den im Gelenk liegenden Enden sind die Knochen mit einer Knorpelschicht überzogen. Das Gelenk wird von der Gelenkkapsel umschlossen. Unechtes Gelenk: Es gibt keinen Gelenkspalt, die Knochen sind durch Gewebe miteinander verbunden.
Vertieftes Wissen	In der Gelenkhöhle können sich auch Schleimbeutel befinden, welche zur Polsterung dienen.

(3) Welche Aufgaben haben Sehnen und Bänder?

Grundwissen	Sehnen: Verbinden die Muskeln mit dem Knochen. Bänder: Stabilisieren/verbinden die Knochen eines Gelenks.
Vertieftes Wissen	—

(4) Was besagt die Gleitfilamenttheorie?

Grundwissen	Muskelfasern bestehen aus vielen Einheiten (Sarkomeren). Jedes Sarkomer setzt sich aus Myosin und zwei gegenüberliegenden Actinstrangeinheiten zusammen. Eine Actinstrangeinheit besteht aus parallel verlaufenden Actinsträngen. Zwischen den Actinsträngen liegen parallele Myosinstränge, die sich über beide Paare ausdehnen. Myosin hat Myosinköpfchen, die ihre Form verändern können. Bei der Kontraktion des Muskels ziehen die Myosinstränge (durch Veränderung der Myosinköpfchenform) die beiden gegenüberliegenden Actinstrangeinheiten zueinander hin.
Vertieftes Wissen	Damit sich die Myosinköpfchen an das Actin binden können, müssen Bindungsstellen am Actin freigegeben werden, die durch das Tropomyosin blockiert sind. Dies geschieht durch den Ca^{2+}-Einstrom. Die Formveränderung der Myosinköpfchen verläuft unter ATP-Verbrauch.

(5) Warum gibt es bei den Muskeln einen Gegenspieler? Finden Sie Muskelpaare (Muskel und Gegenspieler).

Grundwissen	Eine Muskelfaser, die sich zusammengezogen hat (Gleitfilamenttheorie), kann diese Bewegung nicht umkehren. Die Muskelfaser muss durch einen Gegenspieler wieder auseinandergezogen werden. Muskelpaar: Bizeps-Trizeps; Schienbein-Wadenbeinmuskulatur; Brust-Rückenmuskel

Vertieftes Wissen	Es muss nicht immer einen muskulären Gegenspieler geben. Zum Beispiel wirkt dem Zwerchfell die Eigenelastizität der Lunge und der Druck der inneren Organe entgegen.

(6) Was passiert, wenn ein Nervenimpuls an den Muskel gelangt, damit sich der Muskel kontrahiert?

Grundwissen	Gelangt ein Impuls in Richtung motorische Endplatte, wird Acetylcholin in den synaptischen Spalt abgegeben. Dieses gelangt an die Rezeptoren der Muskelfasern und löst an der Muskelfaser ein Aktionspotenzial und die Ausschüttung von Ca^{2+} aus dem sarkoplasmatischen Reticulum aus. Durch das Ca^{2+} werden die Myosinbindungsstellen am Actin frei.
Vertieftes Wissen	Tropomyosin blockiert die Myosinbindungsstellen am Actin. Die Lage des Tropomyosins wird durch das Troponin festgelegt. Verbindet sich Troponin mit Ca^{2+} (reversibel), wird das Tropomyosin verschoben und die Myosinbindungsstellen werden frei.

(7) Die Anatomie unseres Körpers ist so aufgebaut, dass in vielen Bewegungsbereichen das Hebelgesetz ausgenutzt wird. Was ist das Hebelgesetz, was besagt es?

Grundwissen	Ein Hebel (eine Wippe) ist im Gleichgewicht, wenn das Produkt aus Kraft und Abstand zum Drehpunkt auf der einen Seite gleich dem Produkt aus Kraft und Abstand zum Drehpunkt auf der anderen Seite des Hebels ist. Folgerungen: Wenn sich der Abstand zum Drehpunkt hin auf einer Seite verkleinert, wird auf dieser Seite mehr Kraft benötigt, um den Hebel im Gleichgewicht zu halten. Wenn man den Hebel auf der einen Seite nach unten bringen möchte, muss das Produkt aus Kraft und Abstand zum Drehpunkt auf dieser Seite höher sein als auf der anderen Seite.
Vertieftes Wissen	Eine Kraft, die vom Körper überwunden werden soll, heißt Last (z. B. das Gewicht von etwas, was angehoben werden soll). Um diese Last zu bewegen, wird Kraft (Körperkraft) benötigt. Hebel können in drei Klassen unterteilt werden: Hebel 1. Klasse: Der Drehpunkt liegt zwischen Last und Kraft ◘ Abb. 11.1 (Beispiel Kopf nach oben beugen). Hebel 2. Klasse: Die Last befindet sich zwischen Drehpunkt und Kraft ◘ Abb. 11.2 (Beispiel auf die Zehen stehen). Hebel 3. Klasse: Kraft befindet sich zwischen Last und Drehpunkt ◘ Abb. 11.3 (Beispiel Unterarm beugen).

◘ **Abb. 11.1** Drehpunkt liegt zwischen Last und Kraft

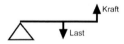

◘ **Abb. 11.2** Die Last befindet sich zwischen Drehpunkt und Kraft

◘ **Abb. 11.3** Kraft befindet sich zwischen Last und Drehpunkt

11.5 Sinnesorgane

11.5.1 Auge

(1) Wie kommen Farben zustande?

Grundwissen

Das weiße Licht setzt sich aus allen Farben (Spektralfarben) zusammen. Wird ein Gegenstand beleuchtet, trifft weißes Licht auf ihn. Ein Teil des weißen Lichts wird vom Gegenstand absorbiert (aufgenommen) und ein Teil wird reflektiert (zurück-geworfen). Der Farbanteil, der reflektiert wird, gibt dem Gegenstand die Farbe.

Vertieftes Wissen —

(2) Wie funktioniert unsere Farbwahrnehmung?

Grundwissen

Die Netzhaut des Auges besteht aus drei unterschiedlichen Farbsinneszellen (Zapfen), die entweder durch rotes, blaues oder grünes Licht gereizt werden. Trifft der Lichtstrahl auf die Netzhaut, werden die Zapfen, die auf die Farben, die im Lichtstrahl enthalten sind, reagieren, gereizt. Mischfarben werden durch Reizung von Zapfenkombinationen wahrgenommen.

Vertieftes Wissen —

(3) Warum kann man Gegenstände sehen/abbilden?

Grundwissen

Ein Gegenstand reflektiert bei Beleuchtung (Tageslicht, künstliche Beleuchtung) Anteile des weißen Lichts, falls nicht, erscheint uns der Gegenstand schwarz. Das reflektierte Licht trifft auf eine Leinwand oder die Netzhaut. Werden Teile der Lichtstrahlen über eine Blende zurückgehalten oder die Lichtstrahlen mithilfe einer Linse gebündelt, kann auf der Leinwand/der Netzhaut ein Bild erzeugt werden.

Vertieftes Wissen —

(4) Warum ist das gesehene Bild umgekehrt und seitenverkehrt?

Grundwissen

Werden Lichtstrahlen mittels einer Blende zurückgehalten, treffen nur die Licht-strahlen eines Gegenstandes auf die Leinwand (Netzhaut), die schräg (z. B. von oben schräg nach unten oder von links schräg nach rechts) durch die Blendenöff-nung strahlen.

Vertieftes Wissen —

(5) Warum nehmen wir es nicht umgekehrt und seitenverkehrt wahr?

Grundwissen

Unser Gehirn vermittelt uns eine andere Vorstellung.

Vertieftes Wissen —

(6) Wie ist das Auge aufgebaut?

Grundwissen

Lederhaut, Aderhaut, Netzhaut, gelber Fleck, Sehnerv, blinder Fleck, Glaskörper, Ringmuskel, Linsenbänder, Linse, Pupille, Hornhaut, Iris

Vertieftes Wissen

Vordere Augenkammer, hintere Augenkammer, Tränendrüsen, Tränenröhrchen, Augenlid, Augenbraue, Wimpern, Pigmentschicht, Muskulatur der Iris (Radspei-chen-, Ringmuskulatur), Schlemm-Kanal

(7) Welche Aufgaben/Funktionen haben die einzelnen Bestandteile?

Grundwissen

Lederhaut: Schutz u. Formgebung; Aderhaut: Versorgung anliegenden Gewebes; Netzhaut: Farbsinneswahrnehmung; Linse: Lichtbündelung; Linsenbänder und Ringmuskel: Akkommodation; Iris: Adaptation; Glaskörper, Hornhaut: Teil des optischen Systems; Sehnerv: Informationsweitergabe

| Vertieftes Wissen | Tränenapparat: Versorgung der Hornhaut mit Nährstoffen, Anfeuchtung und Reinigung; Lid, Augenbraue und Wimpern: Schutz; Pigmentschicht: Absorption von Lichtstrahlen, die die Sehsinneszellen passiert haben und zusätzlich Adaptation (Umhüllen von Sehsinneszellen); vordere und hintere Augenkammer: Kammerflüssigkeit sorgt für Distanz der Teile des optischen Apparates; Schlemm-Kanal: Ableitung der Kammerflüssigkeit |

(8) Warum können wir räumlich sehen (Abstände wahrnehmen)?

| Grundwissen | Da sich das Sehfeld unserer beiden Augen überschneidet, können wir Entfernungen wahrnehmen. |
| Vertieftes Wissen | Auch durch das „einäugige Sehen" (monokulares Sehen) können wir Tiefen erkennen. Unser Gehirn verwendet hierbei Erfahrungen (Parallelen laufen in weiter Entfernung zusammen, Punkte am Horizont sind weit entfernt, Wirkung des Schattens etc.). Mit dem „zweiäugigen Sehen" (binokulares Sehen) können wir Entfernungen „sehen". Bei sich nahe am Auge befindenden Gegenständen hat der Gegenstand für jedes Auge eine andere Perspektive. Umso weiter der Gegenstand von den Augen entfernt ist, umso ähnlicher wird die Perspektive (ähnliche Perspektive → Gegenstand ist weit entfernt). |

(9) Welche unterschiedlichen Funktionen haben Stäbchen und Zapfen?

| Grundwissen | Stäbchen werden schon durch schwaches Licht erregt. Sie sind für das Hell-Dunkel-Sehen zuständig. Zapfen werden durch starkes Licht, entsprechend ihrer spezifischen Lichtwellenlänge, erregt. Sie sind für das Bild- und Farbsehen zuständig. |
| Vertieftes Wissen | Bei Tageslicht sind die Stäbchen aufgrund ihres Lichtspektrums komplett erregt und nich am Sehen beteiligt. |

(10) Was passiert, wenn Licht auf eine Sehsinneszelle fällt?

| Grundwissen | Wenn Licht auf die Sehsinneszelle fällt, zerfällt der Sehfarbstoff zu Opsin und Retinal. Es kommt zu einem Impuls. |
| Vertieftes Wissen | Eine Sehsinneszelle gibt im nichterregten Zustand den Neurotransmitter Glutamat ab. Kommt es zur Erregung der Sehsinneszelle, wird kein Glutamat mehr abgegeben, was zu einer Impulsbildug führt. |

(11) Wie kann sich das Auge auf veränderte Lichtintensität einstellen?

| Grundwissen | Die Iris kann mithilfe der enthaltenen Muskulatur die Pupillenöffnung verengen oder erweitern, was den Lichteinfall ins Auge verändert. Bei dunkler Umgebung wird die Pupillenöffnung geweitet und bei heller Umgebung verengt. |
| Vertieftes Wissen | Bei starker Beleuchtung können die Pigmente der Pigmentschicht zwischen die Sehsinneszellen geschoben und eine zu starke Beleuchtung wird vermieden. |

(12) Wie kann das Auge Gegenstände scharf stellen?

| Grundwissen | Durch Kontraktion des Ringmuskels wird der Zug an der Linse verkleinert. Die Linse wölbt sich. Die stärkere Wölbung verändert die Lichtbrechung. Nahe Gegenstände können nun scharf gesehen werden. Bei der „Scharfstellung" von fernen Gegenständen kommt es zur Abflachung der Linse durch die Entspannung des Ringmuskels. Entspannt sich der Ringmuskel, kommt Zug auf die Linsenbänder. |
| Vertieftes Wissen | — |

(13) Was ist Kurz- und was Weitsichtigkeit?

| Grundwissen | Kurzsichtigkeit: Der Augapfel ist zu groß (zu lang). Ferne Gegenstände können nicht auf die Netzhaut projiziert werden. Weitsichtigkeit: Der Augapfel ist zu klein (zu kurz). Nahe Gegenstände können nicht auf die Netzhaut projiziert werden. |

Vertieftes Wissen	Bei Kurzsichtigkeit bekommt man eine Streulinse und bei Weitsichtigkeit eine Sammellinse.

(14) Wie entstehen Nachbilder?

Grundwissen	Blicken wir lange auf eine Farbe, z. B. auf ein weißes Dreieck, so zerfällt in allen Sehsinneszellen, auf die das Dreieck abgebildet wird, der Sehfarbstoff. Der Sehfarbstoff benötigt eine gewisse Zeit, bis er wieder aufgebaut wird. In der Zeit können wir mit den vorher erregten Zellen keine Reize wahrnehmen. Beim Blick auf eine weiße Fläche, werden nun alle Sehsinneszellen erregt, bis auf die noch nicht erregbaren, daher erscheint uns das Nachbild.
Vertieftes Wissen	Werden wir geblendet, ist es ähnlich wie beim Nachbild. Die Sehsinneszelen benötigen nach dem Blenden kurze Zeit, bis in ihnen der Sehfarbstoff wieder aufgebaut ist. In dieser Zeit können wir nichts sehen.

(15) Warum können wir nachts keine Farben sehen?

Grundwissen	Die schwache Lichtintensität reicht nicht aus, um die Zapfen zu erregen.
Vertieftes Wissen	Man kann zwischen unterschiedlicher Lichtintensität (Helligkeit) und zwischen unterschiedlichen Wellenlängen des Lichts (Farben) unterscheiden. In diesem Fall reicht die Intensität nicht aus, die passenden Zapfen zu reizen.

11.5.2 Ohr

(1) Wie entstehen Töne?

Grundwissen	Ein „Geräusch" entsteht dadurch, dass ein schwingender Körper Schallwellen erzeugt. Eine Schallwelle ist eine Bewegungsausbreitung von Teilchen eines Mediums (z. B. Luftteilchen). Die Teilchen des Mediums stoßen aneinander und sorgen für die weitere Ausbreitung der Welle.
Vertieftes Wissen	—

(2) Was ist Lautstärke?

Grundwissen	Umso kräftiger die Teilchen in Bewegung gesetzt werden, umso lauter ist das Geräusch (Lautstärke = hohe Amplitude im Diagramm).
Vertieftes Wissen	

(3) Was ist Tonhöhe?

Grundwissen	Umso höher die Frequenz des schwingenden Körpers, umso höher ist der Ton; die Frequenz der Schallwelle wird auf das Medium übertragen (Frequenz = Anzahl von Schwingungen pro Zeiteinheit).
Vertieftes Wissen	—

(4) Wie ist das Ohr aufgebaut?

Grundwissen	Ohrmuschel, Trommelfell, Hammer, Amboss, Steigbügel, ovales Fenster, rundes Fenster, Hörschnecke, Corti-Organ, Ohrtrompete, Bogengänge, kleines und großes Vorhofsäckchen
Vertieftes Wissen	Außenohr, Mittelohr, Innenohr, Paukengang, Schneckengang, Vorhofgang, Muskeln an den Gehörknöchelchen

(5) Welche Funktionen haben die einzelnen Bestandteile?

Grundwissen	Ohrmuschel: Trichterwirkung; Trommelfell, Hammer, Amboss, Steigbügel, ovales Fenster: Verstärkung der Schallwelle und Übertragung auf Lymphe; rundes Fenster: Druckausgleich; Hörschnecke, Corti-Organ: Reizbildung; Ohrtrompete: Druckausgleich im Mittelohr; Bogengänge: Rotationssinn; kleines und großes Vorhofsäckchen: Lagesinn
Vertieftes Wissen	Muskeln an den Gehörknöchelchen: Dämpfung der Lautstärke

(6) Wie können wir Geräusche wahrnehmen?

Grundwissen	Nach der Übertragung der Schallwelle auf die Lymphe (Wanderwelle) verursacht die Wanderwelle eine Auslenkung der Basilarmembran und hierdurch eine Auslenkung der Haare der Haarsinneszellen (Corti-Organ). Dies führt zur Impulsbildung, welche im Gehirn ausgewertet („wahrgenommen") wird.
Vertieftes Wissen	Auch über die Schädelknochen können Schwingungen aufgenommen werden. (Wir hören den Ton einer angeschlagenen Stimmgabel, die wir uns an unseren Schädel halten.)

(7) Wie wird Lautstärke detektiert?

Grundwissen	Über die Stärke der Auslenkung der Haare der Haarsinneszellen.
Vertieftes Wissen	—

(8) Wie wird Tonhöhe detektiert?

Grundwissen	Nach dem Ortsprinzip. An der Schneckenbasis reizen hohe Frequenzen in Richtung Schneckenspitze, immer tiefere Frequenzen die Haarsinneszellen.
Vertieftes Wissen	Eine Wanderwelle breitet sich in Richtung Schneckenspitze aus. Hierbei versetzt sie die Basilarmembran in Schwingungen. Bei der Ausbreitung verändert sich die Amplitudenhöhe (Stärke) der Welle. Die Amplitude nimmt stark zu und fällt je nach Tonhöhe an einer spezifischen Stelle auf der Strecke zwischen Schneckenbasis und -spitze wieder ab. Die stärkste Amplitude gibt die Wahrnehmung an.

(9) Welche physikalischen Gesetze werden im Mittelohr ausgenutzt?

Grundwissen	Hebelgesetz, Gesetz der Verstärkung von Drücken durch Übertragung auf kleinere Fläche (von Trommelfell auf ovales Fenster).
Vertieftes Wissen	Herabsetzung der Geschwindigkeit der Schallwelle durch Übertragung auf Gehörknöchelchen führt zur Erhöhung der Impedanz.

(10) Wie funktioniert der Lage-, Schwer- und Gleichgewichtssinn?

Grundwissen	Die Vorhofsäckchen haben Maculaorgane, die in horizontaler und vertikaler Ebene angeordnet sind. Je nach Körperlage werden die Haarsinneszellen, der mit „Gewichten" versehenen Maculaorgane, unterschiedlich ausgelenkt. Im Gegensatz zum Schwersinn (Lagesinn) wirken beim Gleichgewichtssinn die Bogengänge mit.
Vertieftes Wissen	Der Unterschied zwischen den Maculaorganen und den Cupula ist die Form (Cupula = kuppelartig, hoch; Macula = flach) und die Statokonien auf den Maculaorganen. Ansonsten ist die Funktion und der Aufbau sehr ähnlich.

(11) Wie funktioniert der Drehsinn?

Grundwissen	In den drei Bogengängen (Raumebenen) befinden sich Ampullen mit einer Cupula. Bei einer Drehung wird durch die Trägheit der in den Bogengängen enthaltenen Lymphe die Cupula gebogen. Hierdurch kommt es zur Auslenkung der Haare der Haarsinneszellen.
Vertieftes Wissen	Siehe (10).

11.5.3 **Haut**

(1) Welche Aufgaben hat die Haut?

Grundwissen   Schutz, Wärmehaushalt, Sinnesfunktion, Kommunikation

Vertieftes Wissen   Der pH-Wert der Haut liegt bei 5,5 zum Schutz gegen Pathogene; Wärmeabgabe
                     kann durch Weitstellen der außen liegenden Blutgefäße oder Schweißabgabe
                     erfolgen (Kondensationskälte).

(2) Wie ist die Haut aufgebaut?

Grundwissen   Oberhaut (Hornschicht, Hornbildungsschicht, Regenerationsschicht), Lederhaut
                     (Papillarschicht, Geflechtschicht), Unterhaut

Vertieftes Wissen   Hornbildungsschicht besteht aus Körnerschicht und Stachelzellenschicht

(3) Welche Funktionen haben die einzelnen Hautschichten?

Grundwissen   Hornschicht: Außenschicht, Schutz; Hornbildungsschicht: Verhornung der Zellen
                     zu Hornzellen; Regenerationsschicht: Teilung der Zellen; Papillarschicht: Ober-
                     flächenvergrößerung für Versorgung und Verankerung der Oberhaut; Geflecht-
                     schicht: Elastizität und Stabilität; Unterhaut: Fettdepots

Vertieftes Wissen   Körnerschicht: Verhornung der Zellen zu Hornzellen; Stachelzellenschicht: ent-
                     halten Melanocyten und Langerhans-Zellen (dendritische Zellen, ↑ Immunsystem)
                     Die Regenerationsschicht heißt auch „Basalschicht".

(4) Welche Rezeptoren finden sich in der Haut?

Grundwissen   Freie Nervenendigungen, Haare, Merkel-Zellen, Meißner-Tastkörperchen, Ruffini-
                     Kolben, Vater-Pacini-Lamellenkörperchen

Vertieftes Wissen   —

(5) Welche Aufgaben hat der jeweilige Rezeptor?

Grundwissen   Freie Nervenendigungen: Schmerz, Wärme und Kälte erfassen; Haare: Berüh-
                     rungsreiz; Merkel-Zellen: Drucksensor; Meißner-Tastkörperchen: Drucksensor; Ruf-
                     fini-Kolben: Spannungssensor; Vater-Pacini-Lamellenkörperchen: Vibrationssensor

Vertieftes Wissen   —

(6) Welche Hautanhangsgebilde gibt es?

Grundwissen   Haare, Zähne, Nägel, Drüsen

Vertieftes Wissen   —

(7) Welche Aufgaben hat das jeweilige Hautanhangsgebilde?

Grundwissen   Haare: Berührungsreize erfassen, früher auch Isolierung; Zähne: Zerkleinerung
                     der Nahrung; Nägel: Widerhalt zum feinen Greifen und Schutz vor Verletzung;
                     Drüsen: Kühlung (Schweißdrüsen), Kommunikation (Duftdrüsen), Ernährung des
                     Säuglings (Milchdrüsen)

Vertieftes Wissen   —

(8) Warum werden wir im Sommer braun?

Grundwissen   Bei starker Sonneneinstrahlung wird in den Melanocyten verstärkt Melanin (brau-
                     nes Pigment) gebildet. Melanin absorbiert UV-Strahlung und schützt dadurch den
                     Körper.

| Vertieftes Wissen | Melanocyten haben dendritische Ausläufer, die in die Zwischenräume benachbarter Zellen reichen. Produziert ein Melanocyt Melanin, wird es über die Ausläufer an die benachbarten Zellen abgegeben, die das Melanin ins Cytoplasma aufnehmen. |

11.6 Nervensystem

(1) Was sind die Aufgaben des peripheren Nervensytems?

| Grundwissen | Die Nerven des peripheren Nervensystems leiten Informationen von den Sinnesorganen zum Zentralnervensystem (ZNS) und von dort Informationen zu den Erfolgsorganen. |
| Vertieftes Wissen | Afferente Nerven (Sinnesneuronen): Leiten Information zum ZNS.
Efferente Nerven (Motoneuronen): Leiten Informationen zu den Erfolgsorganen. |

(2) Was sind die Aufgaben des Zenralnervensystems (ZNS)?

| Grundwissen | Verarbeitung von Informationen und generieren von Reaktionen. |
| Vertieftes Wissen | — |

(3) Was sind die Aufgaben des autonomen Nervensystem?

| Grundwissen | Anpassung der Körperfunktionen an die vorherrschenden Anforderungen (Stressbedingung, Erholungszustand). |
| Vertieftes Wissen | — |

(4) Wie ist ein Neuron aufgebaut? Welche Funktionen haben die einzelnen Teile?

| Grundwissen | Dendrit: Reizaufnahme; Zellkörper: Steuerung der Zellvorgänge; Axonhügel: wird Schwellenwert überschritten, folgt Aktionspotenzial; Axon: Weiterleitung des Aktionspotenzials; Schwann-Zellen: Isolierung; Schnürringe: ermöglichen Aktionspotenzialaufbau; Endköpfchen: Weiterleitung des Impulses über Transmitter |
| Vertieftes Wissen | Zellkörper: Im rauen endoplasmatischen Reticulum werden Bestandteile der Transmitter hergestellt; Im Golgi-Apparat werden die Neurotransmitter zusammengefügt und in Vesikel verpackt.
Die Vesikel werden über ein „Röhrensystem" im Axon zu den Endköpfchen transportiert und wieder aufgenommene aufgespaltene Transmitter in den Zellkörper. |

(5) Wie werden Reize innerhalb einer Nervenzelle weitergeleitet?

| Grundwissen | Über Aktionspotenziale: kurzzeitige Veränderungen des Membranpotenzials, die vom Axonhügel in Richtung Endköpfchen verlaufen. |
| Vertieftes Wissen | Ein Aktionspotenzial entsteht dadurch, dass Na^+ in die Nervenzelle strömt (im Normalzustand ist hauptsächlich nur K^+ in der Zelle). Es kommt zur Veränderung der elektrischen Ladung. Diese Ladungsveränderung wird nach und nach wieder rückgängig gemacht (Natrium-Kalium-Pumpe). Ist ein Aktionspotenzial an einer Stelle entstanden, wird kurz darauf an der benachbarten Stelle auch ein Aktionspotenzial ausgelöst. |

(6) Wie kommunizieren die Zellen des Nervensystems miteinander?

| Grundwissen | Über synaptische Verbindungen (Endköpfchen, synaptischer Spalt, Dendriten). |
| Vertieftes Wissen | Es gibt je nach Endköpfchen und Nervenzelle Impuls erzeugende (fördernde) Transmitter und Aktionspotenzial hemmende Transmitter. |

(7) Wie werden Muskeln zur Erregung gebracht?

Grundwissen	Über die motorische Endplatte (Synapse bestehend aus Endköpfchen, synaptischer Spalt, motorische Endplatte).
Vertieftes Wissen	Eine Nervenzelle kann einzelne Muskelfasern oder Muskelfasergruppen (motorische Einheiten) steuern.

(8) Was passiert an der Synapse?

Grundwissen	Erreicht ein Aktionspotenzial die Endköpfchen, kommt es zum Einströmen von Ca^{2+}. Der Ca^{2+}-Einstrom führt zur Exocytose der Transmittervesikel. Die Transmitter verteilen sich im synaptischen Spalt und treffen auf die Rezeptoren der nachfolgenden Zelle. Die Verbindung von Transmitter und Rezeptor öffnet Kanäle, sodass in die Zelle hemmende oder ein Aktionspotenzial fördernde Ionen einströmen können.
Vertieftes Wissen	Es gibt sehr viele unterschiedliche Neurotransmitter. Hier wenige Beispiele: Acetylcholin ist der Neurotransmitter, der die Muskelkontraktion auslöst. Glutamat ist der Neurotransmitter, über den Impulse der Sehsinneszellen übermittelt werden. Dopamin ist ein Neurotransmitter des Gehirns und wirkt zum Beispiel beim Belohnungssystem mit.

(9) Welche Aufgaben hat das Rückenmark?

Grundwissen	Verbindet peripheres Nervensystem mit ZNS. Generiert Reflexe. Die Nervenstränge des autonomen Nervensystems verlaufen über das Rückenmark zu den Erfolgsorganen.
Vertieftes Wissen	—

(10) Wie funktioniert ein Reflex?

Grundwissen	Ein Impuls gelangt zum Rückenmark. Dort wird umgehend eine festgelegte Reaktion des Erfolgsorgans erzeugt. Eine Information (z. B. Schmerz) wird nun an das Gehirn weitergeleitet. Der Unterschied zur normalen Reaktion besteht darin, dass die Reaktion nicht vom Gehirn generiert wird, sondern eine feststehende Reaktion vom Rückenmark ausgelöst wird (dadurch ist die Reaktion schneller).
Vertieftes Wissen	Beispiele für Reflexe sind: Lidschlagreflex: Berührung der Wimpern führt zum Verschließen des Augenlids. Kniescheibenreflex: Stoß auf Kniescheibe führt zum Ausstrecken des Beines.

(11) Was ist und wie funktioniert die Blut-Hirn-Schranke?

Grundwissen	Gliazellen umhüllen die Blutgefäße im Gehirn. Durch diese Schranke können keine wasserlöslichen Stoffe aus dem Blut ins Gehirn gelangen, nur fettlösliche Stoffe. Viele für die Nervenzellen schädlichen Substanzen sind wasserlöslich.
Vertieftes Wissen	—

(12) Wie ist das Gehirn aufgebaut? Welche Funktionen haben die einzelnen Teile?

Grundwissen	Großhirn: Denken, Bewusstsein, Gedächtnis; Zwischenhirn: Hormonproduktion, Steuerung innerer Bedingung; Kleinhirn: Steuerung der Körperlage (Gleichgewicht), Koordination unbewusster Bewegungen; verlängertes Mark: Steuerung Atmung; Mittelhirn: Steuerung der Bewusstseinslage (Müdigkeit, Wachzustand)
Vertieftes Wissen	Zirbeldrüse: Hormonproduktion; Hypophyse (Hirnanhangsdrüse): Hormonproduktion; Balken: verbindet die beiden Hemisphären (Hälften) des Großhirns; Hemisphären: Die beiden Hälften des Gehirns (rechte und linke) haben verschiedene Funktionen, so ist bei Rechtshändern das Sprachverständnis in der linken und das Orientierungsvermögen in der rechten Hemisphäre lokalisiert.

11.7   Hormonsystem

(1) Was sind die Aufgaben des Hormonsystems?

Grundwissen   Kommunikation zwischen Zellen und Organen.

Vertieftes Wissen   —

(2) Wie unterscheidet sich das Hormonsystem vom Nervensystem?

Grundwissen   Das Nervensystem arbeitet über Aktionspotenziale (elektrische Impulse) und
                       Neurotransmitter, das Hormonsystem über chemische Stoffe (Hormone). Die
                       Informationsweitergabe des Nervensystems erfolgt sehr schnell, aber nicht lang
                       anhaltend. Über das Hormonsystem werden Abläufe langsam und zeitlich andau-
                       ernd (Minuten bis Tage) geregelt. Durch das Hormonsystem können problemlos
                       viele Zellen gleichzeitig (in unterschiedlichen Teilen des Körpers) angesprochen
                       werden.

Vertieftes Wissen   —

(3) Wie funktioniert das Hypothalamus-Hypophysen-System?

Grundwissen   Der Hypothalamus ist ein Teil des Zwischenhirns. Der Hypothalamus reguliert
                       über Steuerhormone den Hypophysenvorderlappen und über Neuronen den
                       Hypophysenhinterlappen. Der Hypophysenvorderlappen gibt unter anderem
                       Hormone ab, die verschiedene Hormondrüsen steuern. Über Rezeptoren werden
                       Zustände gemessen und an den Hypothalamus geleitet, dieser reagiert mit der
                       Koordination der Ausschüttung von Hypophysenvorder- und -hinterlappenhor-
                       monen auf die Zustände.
                       Nicht alle Hormone werden über das Hypothalamus-Hypophysen-System gesteu-
                       ert.

Vertieftes Wissen   Steuerhormone des Hypothalamus: Es gibt Releasing-Hormone (fördern Hormo-
                       nausschüttung) und Inhibiting-Hormone (hemmen Hormonausschüttung).
                       Glandotrope Hormone = Hormone des Hypophysenvorderlappens, die Hormon-
                       drüsen ansprechen.
                       Positive Rückkopplung: Ist der registrierte Zustand groß, führt dies zum vermehr-
                       ten Hormonausstoß (z. B. führt das Saugen des Säuglings zur Ausstoßung von
                       Oxytocin).
                       Negative Rückkopplung: Ist der registrierte Zustang groß, führt dies zum vermin-
                       derten Hormonausstoß (z. B. führt die hohe Hormonkonzentration zur verminder-
                       ten Abgabe).

(4) Wie werden Hormone transportiert?

Grundwissen   Über das Blut.

Vertieftes Wissen   Viele Hormone werden mithilfe von Transportproteinen transportiert. Die
                       Transportproteine binden die Hormone eine spezifische Zeit lang (Minuten bis
                       Tage). Dies ermöglicht eine Verteilung im gesamten Körper und eine spezifische
                       Verweildauer im Blut.

(5) Wie werden Hormone abgebaut?

Grundwissen   Hormone werden in der Leber abgebaut und über die Niere ausgeschieden.

Vertieftes Wissen   —

(6) Nennen Sie wichtige Hormondrüsen und ihre zugehörigen Hormone mit spezifischer Funktion.

Grundwissen   Siehe ◘ Tab. 7.1

Vertieftes Wissen   —

(7) Wie wird das Erfolgsorgan vom Hormon angesprochen?

Grundwissen	Bei fettlöslichen Hormonen durchdringt das Hormon die Zellmembran und bindet im Inneren der Zielzelle an seinen Rezeptor. Die Verbindung führt zur Proteinsynthese. Wasserlösliche Hormone binden an einen Rezeptor, der in der Zellmembran der Zielzelle liegt. Die Bindung führt zu einer Signalkette, die in die Zelle reicht und in der Zelle eine Reaktion auslöst (Aktivierung von Enzymen, Aufnahme oder Ausscheidung von Molekülen etc.).
Vertieftes Wissen	Man kann Hormone in wasserlösliche und fettlösliche Hormone unterteilen. Wasserlösliche Hormone sind Peptid-/Protein- und Aminohormone. Fettlösliche Hormone sind Steroidhormone (vom Cholesterin abgeleitete Hormone).

(8) Wie wird der Blutzuckerspiegel geregelt? Was genau ist Diabetes mellitus?

Grundwissen	Insulin senkt den Blutzuckerspiegel (Zellmembran wird durchlässiger für Glucose und Glucose wird als Glykogen gespeichert). Glucagon erhöht den Blutzucker-spiegel (es fördert den Glykogenabbau). Diabetes mellitus ist eine Störung der Regulation des Blutzuckerspiegels. Glucose kann nicht mehr ausreichend in die Zellen aufgenommen werden.
Vertieftes Wissen	Bei einer Anreicherung von Glucose im Blut, gelangt diese vermehrt in die β-Zellen der Bauchspeicheldrüse. Die Oxidation der Glucose führt zu viel ATP in den β-Zellen. Durch die hohe Konzentration an ATP öffnen sich ATP-sensitive K^+-Kanäle. Es kommt zur Depolarisation der Membran und hierdurch zum Einströmen von Ca^{2+}. Dies wiederum führt zur Exocytose von Vesikeln, in denen Insulin ist. Das Insulin fördert unter anderem den Einbau von Glucose-Carriern in den Membranen der Zellen. Fehlt Glucose im Blut, wird aus den β-Zellen kein GABA (Glucagon hemmender Transmitter) abgegeben. Die α-Zellen der Bauchspeicheldrüse geben Glucagon ab. Diabetes Typ I: Absoluter Insulinmangel, β-Zellen sind zerstört. Diabetes Typ II: Relativer Insulinmangel, Körperzellen haben sehr wenige Insulin-rezeptoren.

11.8 Ernährung und Verdauung

(1) Welche Nährstoffe gibt es?

Grundwissen	Kohlenhydrate, Fette (Lipide), Proteine (Eiweiße), Wasser, Mineralstoffe, Vitamine
Vertieftes Wissen	Es gibt unterschiedliche Definitionen. Manche verstehen unter „Nährstoffen" nur Stoffe, die zur Energiegewinnung verstoffwechselt werden bzw. verstoffwechselt werden können: Kohlenhydrate, Fette, Proteine. Andere fassen unter Nährstoffen alle Stoffe zusammen, die ein Organismus zur Lebenserhaltung benötigt; also auch Wasser, Mineralstoffe, Vitamine.

(2) Wozu benötigt der Körper Nährstoffe?

Grundwissen	Für den Baustoffwechsel (Körpermasse aufbauen), zur Energieerzeugung und als Wirkstoffe.
Vertieftes Wissen	—

(3) Welche Organe gehören zum Verdauungssystem? Welche Aufgabe haben sie jeweils?

Grundwissen	Mund: Zerkleinern; Magen: Speicherung des Nahrungsbreis, Zerstörung von Pathogenen, Beteiligung an Eiweißverdauung; Zwölffingerdarm und Bauchspeicheldrüse: enzymatische Aufspaltung der Nährstoffe in kleine Moleküle; Leber/Gallenblase: Abgabe von Gallensäuren für die Emulgation; Dünndarm: Resorption der Nährstoffe; Dickdarm: Rückresorption von Wasser
Vertieftes Wissen	Leber: Produktion von Gallensäuren, Herstellung von Lipoproteinen, Glykogenspeicherung, Abbau von Aminosäuren, Bildung von Harnstoff, Umbau von Galactose und Fructose zu Glucose, Gluconeogenese Pfortadersystem: Blutgefäße der Verdauungsorgane führen in die Leber, von dort gelangen die Nährstoffe in den Körperkreislauf.

(4) Der Dünndarm ist sehr speziell aufgebaut. Wie und warum ist er so gebaut?

Grundwissen	Kerckring-Falten, Darmzotten, Mikrovillis Prinzip der Oberflächenvergrößerung = große Oberfläche, um Nährstoffe zu resorbieren.
Vertieftes Wissen	—

(5) Wie werden Kohlenhydrate verdaut und aufgenommen?

Grundwissen	Im Mund wird Stärke durch Amylase aufgespalten; im Zwölffingerdarm werden Polysaccharide zu Disacchariden gespalten; Dünndarmzellen geben Disaccharasen ab, die Disaccharide zu Monosacchariden aufspalten; Monosaccharide werden über die Dünndarmzellen aufgenommen und ins Blut abgegeben
Vertieftes Wissen	Die Dünndarmzellen geben die Enzyme Maltase, Lactase und Saccharase ab.

(6) Was geschieht bei der Glykolyse? (Welche Stoffe werden eingesetzt? Welche Stoffe entstehen? Wo findet sie statt?)

Grundwissen	Glucose wird zu 2 Pyruvat umgebaut. Hierbei entstehen 2 ATP, und 2 NAD^+ nehmen H^+ und Elektronen auf, es entstehen 2 NADH + H^+. Die Glykolyse findet im Cytoplasma statt.
Vertieftes Wissen	Kenntnis über die chemischen Teilschritte

(7) Was geschieht bei der oxidativen Decarboxylierung? (Welche Stoffe werden eingesetzt? Welche Stoffe entstehen? Wo findet sie statt?)

Grundwissen	Pyruvat wird zu Acetyl-CoA umgebaut. Es entsteht CO_2, und ein NAD^+ wird zu NADH + H^+. Die oxidative Decarboxylierung findet in den Mitochondrien statt.
Vertieftes Wissen	Kenntnis über die chemischen Teilschritte

(8) Was geschieht beim Citronensäurezyklus? (Welche Stoffe werden eingesetzt? Welche Stoffe entstehen? Wo findet er statt? Grobe Zusammenfassung mit wenigen Worten: Was ist das Wesentliche, was spielt sich ab?)

Grundwissen	Acetyl-CoA wird vollständig oxidiert. Hierbei entstehen 3 NADH + H^+, 1 $FADH_2$ und 1 ATP. Der Citronensäurezyklus findet in den Mitochondrien statt.
Vertieftes Wissen	Kenntnis über die chemischen Teilschritte

(9) Was geschieht bei der Atmungskette? (Welche Stoffe werden eingesetzt? Welche Stoffe entstehen? Wo findet sie statt? Grobe Zusammenfassung mit wenigen Worten: Was ist das Wesentliche, was geschieht?)

Grundwissen	Die Wasserstoffionen (Protonen) und Elektronen von NADH + H^+ und $FADH_2$ werden mit Sauerstoff zusammengebracht. Es entsteht Energie, die in Form von ATP gespeichert wird. Die Atmungskette spielt sich in den Mitochondrien ab.

Vertieftes Wissen	Die rechnerische Bilanz der ATP-Moleküle aus einem Molekül Glucose stimmt nicht mit der realen Zahl überein. Der Grund hierfür ist Transport von ATP aus den Mitochondrien, der mit Energieaufwendung verbunden ist. In manchen Zellen ist auch die Einschleusung von $NADH + H^+$ aus der Glykolyse in die Mitochndrien mit einem Energieverlust verbunden.

(10) Wie werden Fette verdaut, aufgenommen und abgebaut?

Grundwissen	Im Magen werden Fette durch die Magenperistaltik emulgiert. Magenlipase wird abgegeben, die ihre Wirksamkeit im Zwölffingerdarm zeigt. Im Zwölffingerdarm werden die Fette durch die Gallensäuren emulgiert. Lipasen aus der Bauchspeicheldrüse spalten die Triglyceride in Glycerin und Fettsäuren. Im Dünndarm kommt es zur Micellbildung und Aufnahme in die Dünndarmzellen. Kurz- und mittelkettige Fettsäuren werden direkt ins Blut abgegeben. Langkettige werden mit Glycerin zu Triglyceriden reverestert. Die Triglyceride werden in Chylomikronen verpackt und über die Lymphe in den Körper transportiert. Der Abbau der Fettsäuren erfolgt über die β-Oxidation.
Vertieftes Wissen	Bei der β-Oxidation entsteht Acetyl-CoA, das in den Citronensäurezyklus einfließt. Das Glycerin der Lipide wird in der Leber verstoffwechselt. Außer den Chylomikronen gibt es noch weitere Lipoproteine (Moleküle zum Lipidtransport): VLDL, HDL, LDL

(11) Welche Aufgabe hat die Leber beim Fettstoffwechsel?

Grundwissen	Herstellung der Gallensäuren
Vertieftes Wissen	Abbau von Glycerin, Aufbau von Fetten (Fettsynthese), Abbau Chylomikronenrest, Aufbau von VLDL zum Transport der synthetisierten Lipide, Aufbau von HDL

(12) Wie werden Proteine verdaut, aufgenommen und abgebaut?

Grundwissen	Im Magen werden die Proteine durch die Magensäure denaturiert. Das im Magen aktivierte Pepsin spaltet Proteine in Polypeptide. Im Zwölffingerdarm werden die Polypeptide in Aminosäuren aufgespalten. Über die Dünndarmzellen werden die Aminosäuren aufgenommen und ins Blut abgegeben.
Vertieftes Wissen	Pepsin wird von den Hauptzellen der Magenwand in der inaktiven Form Pepsinogen abgegeben, um die Zellen des Magens vor Selbstverdauung zu schützen. Pepsinogen wird durch die Salzsäure aktiviert.

(13) Wie kann der Mensch Aminosäuren „bauen"?

Grundwissen	Transaminierung: Die Aminogruppe einer Aminosäure wird an ein anderes Molekül (Ketosäure) übertragen.
Vertieftes Wissen	Die Transaminierung findet sehr ausgeprägt in der Leber, in den Herzmuskelzellen, aber auch in anderen Zellen statt. Für die Transaminierung wird das Coenzym Vitamin B_6 benötigt.

(14) Wie werden die überflüssigen Bestandteile der Aminosäuren entsorgt?

Grundwissen	Als Harnstoff über die Niere.
Vertieftes Wissen	—

(15) Nennen Sie wichtige Vitamine und ihre Aufgaben.

Grundwissen	Siehe ◘ Tab. 8.1
Vertieftes Wissen	—

11.9   Wasser-Elektrolyt-Haushalt

(1) Wie ist das Wasser in unserem Körper verteilt?

Grundwissen	Ein Drittel des Wassers in unserem Körper befindet sich im extrazellulären Raum. Hiervon ist ein Viertel Blutplasma und drei Viertel Wasser sind in der interstitiellen Flüssigkeit. Zwei Drittel sind in den Zellen (Cytoplasma).
Vertieftes Wissen	—

(2) Wie viel Wasser besitzt ein Mensch?

Grundwissen	Grob zwei Drittel des Körpers sind Wasser (etwa 65 %).
Vertieftes Wissen	Bei Säuglingen ist der Wasseranteil höher (75 %) im Alter nimmt der Wasseranteil ab, da der Fettanteil größer wird (Fettgewebe ist wasserarm).

(3) Welche Funktionen hat Wasser in unserem Körper?

Grundwissen	Löse- und Transportmittel, Reaktionspartner, Baustoff, wichtig für Wärmeregulation
Vertieftes Wissen	—

(4) Welche Störungsarten im Wasserhaushalt gibt es?

Grundwissen	Dehydration: Großer Wasserverlust/Flüssigkeitsmangel Hydration: Wasseransammlung/Flüssigkeitsüberschuss
Vertieftes Wissen	Diabetes führt z. B. zur vermehrten Wasserausscheidung. Ausgelöst durch die hohe Glucosekonzentration im Urin wird auch viel Wasser über den Urin abgegeben.

(5) Nennen Sie wichtige Elektrolyte mit ihren spezifischen Aufgaben/Funktionen.

Grundwissen	Siehe ◙ Tab. 9.1
Vertieftes Wissen	—

(6) Wie ist die Niere aufgebaut?

Grundwissen	Nierenrinde, Nierenmark, Nephrone, Nierenbecken, Nierenkelch, Harnleiter
Vertieftes Wissen	Nierenmark: hyperton Nierenrinde: eigentlich isoton. Wenn man die Na^+-Konzentration im Filtrat und im Cytoplasma der Membranzellen des proximalen Tubulus betrachtet, spielen aber auch hier Konzentrationsunterschiede bei den Resorptionsvorgängen mit.

(7) Wie ist ein Nephron aufgebaut?

Grundwissen	Bowman-Kapsel, proximaler Tubulus, distaler Tubulus, Sammelrohr, Glomerulus (auch Glomerulum), Henle-Schleife
Vertieftes Wissen	Macula densa

(8) Wie arbeitet ein Nephron?

Grundwissen	Filtration in Bowman-Kapsel (150 l/Tag Primärharn); Rückresorption von Elektrolyten, Glucose, Aminosäuren und Wasser am proximalen Tubulus; am absteigenden Ast der Henle-Schleife wird Wasser rückresorbiert; am aufsteigenden Ast der Henle-Schleife wird Na^+Cl^- rückgewonnen; am distalen Tubulus wird Na^+Cl^- rückresorbiert; im Sammelrohr findet eine Rückresorption von Wasser statt.

Vertieftes Wissen	Proximaler Tubulus: Sekretion von Arzneistoffen, Harnsäure und Harnstoff in den Harn
	Distaler Tubulus: auch Rückresorption von HCO_3^-, Abgabe in den Harn K^+, H^+
	Sammelrohr: Aquaporine resorbieren Wasser zurück, Rückresorption von Na^+, Abgabe von Harnstoff
	Macula densa: Ist Filtration zu stark und dadurch die Na^+Cl^--Rückresorption im proximalen Tubulus nicht ausreichend, kommt es zur hohen Na^+Cl^--Konzentration im distalen Tubulus. Im Bereich der Macula densa führt dies zur Ausschüttung von Mediatoren, die zu einer Vasokonstriktion der zuführenden Blutgefäße führen.

(9) Was sind die wesentlichen Aufgaben der Niere?

Grundwissen	Ausscheidung von Stickstoff, Regulation des Wasser-Elektrolyt-Haushalts, Regulation des Säure-Basen-Haushaltes, Ausscheidung von Giftstoffen
Vertieftes Wissen	Produktion von Hormonen (Renin, EPO), Ausscheidung Protein-/Peptidhormone, in ihr kann Gluconeogenese stattfinden

(10) Wozu und wie produziert unser Körper Harnstoff?

Grundwissen	Um den giftigen Stickstoff, genauer NH_3 (Ammoniak), der beim Abbau von Aminosäuren entsteht, ungefährlich zu machen und zu entsorgen.
Vertieftes Wissen	Reaktionsgleichung: $2\,NH_3 + CO_2 + 3\,ATP \rightarrow Harnstoff$

11.10 Fortpflanzung und Entwicklung

(1) Beschreiben Sie den Bau und die Funktion der männlichen Geschlechtsorgane.

Grundwissen	Hoden: Bildung von Spermien; Nebenhoden: Weiterentwicklung der Spermien; Samenleiter: Transport der Spermien in die Harnröhre (beim Samenerguss); Schwellkörper: Versteifung des Gliedes; Bläschendrüse und Vorsteherdrüse: Sekretbildung für Sperma.
Vertieftes Wissen	Sperma ist reich an Fructose (zugegeben über Bläschendrüse), da die Spermien viel Energie benötigen, um zur Eizelle (gegen den Cilienstrom des Eileiters) zu gelangen. In der Regel benötigt ein Spermium 4–6 Stunden, um den Weg zurückzulegen.
	Cowper'sche Drüsen: (unterhalb der Prostata) Geben vor dem Samenerguss Schleim ab, der saure Harnreste in der Harnröhre neutralisiert.

(2) Beschreiben Sie den Bau und die Funktion der weiblichen Geschlechtsorgane.

Grundwissen	Eierstock: Heranreifen des Follikels (Eizelle und späterer Gelbkörper); Eileiter: Transport der Eizelle zur Gebärmutter; Gebärmutter: Hier nistet sich die befruchtete Eizelle ein und entwickelt sich zum Fetus.
Vertieftes Wissen	Endometrium (äußere Schicht der Gebärmutterwand = Gebärmutterschleimhaut): Ernährt in den ersten Wochen die Blastocyste. Die äußere Schicht der Blastocyste schiebt sich ins Endometrium und bildet mit diesem die Placenta.

(3) Beschreiben Sie die Phasen des Ovarialzyklus: Follikelphase, Ovulation, Lutealphase und Degeneration des Gelbkörpers. Beziehen Sie die auslösenden/wirkenden Hormone ein.

Grundwissen	Follikelphase: Follikel wächst heran [FSH und LH fördern dies]; Ovulation: Eisprung [ausgelöst durch hohe Konzentration an LH]; Lutealphase: Ausbildung des Gelbkörpers; Degeneration Gelbkörper: Abbau des Gelbkörpers [ausgelöst, da wenig FSH und LH durch viel Östrogen und Progesteron]

| Vertieftes Wissen | Nistet sich der Embryo (die sich entwickelnde Blastocyste) in die Gebärmutterschleimhaut ein, gibt er Hormone ab, die dem Körper die Schwangerschaft anzeigen. Eines der Hormone ist Human-Chorion-Gonadotropin (HCG), welches wie LH wirkt und in den ersten Monaten die Hormonproduktion des Gelbkörpers (Östrogen und Progesteron) aufrechterhält. |

(4) Beschreiben Sie die Phasen des Menstruationszyklus: Menstruationsphase, Proliferationsphase und Sekretionsphase. Beziehen Sie die auslösenden/wirkenden Hormone ein.

| Grundwissen | Menstruationsphase: Abbau der Gebärmutterschleimhaut [ausgelöst durch Absinken der Östrogen- und Progesteronkonzentration]; Proliferationsphase: Aufbau der Gebärmutterschleimhaut [durch Östradiol = ein Östrogen]; Sekretionsphase: Verdickung und stärkere Durchblutung der Gebärmutterschleimhaut [Progesteron und Öströgene fördern dies] |
| Vertieftes Wissen | — |

(5) Beschreiben Sie die Befruchtung.

| Grundwissen | Ein Spermium durchdringt die Hülle (Follikelzellen) der Eizelle und setzt die Enzyme des Akrosoms frei. Die Enzyme machen die Zona pellucida für das Spermium durchdringbar. Die Membran des Spermiums verschmilzt mit der Membran der Eizelle. Die Kernmembranen lösen sich auf und die Kerne verschmelzen. |
| Vertieftes Wissen | Eine Eizelle kann nur 12–24 Stunden nach der Ovulation befruchtet werden. Ein Spermium hingegen kann vier bis sechs Tage im weiblichen Fortpflanzungstrakt überleben.
 Vor der Fusion der beiden Kerne findet in der Eizelle noch die Vollendung der zweiten Reifeteilung, der vor dem Eisprung begonnenen Meiose, statt. Ein Polkörperchen der entstehenden zwei Polkörperchen der Eizelle wird abgestoßen und geht zugrunde. Das Genmaterial des anderen fusioniert mit dem Genmaterial des Spermiums. |

(6) Aus welchem Grund kann es zu keiner Polyspermie kommen?

| Grundwissen | Verschmilzt die Membran des Spermiums mit derjenigen der Eizelle, werden von der Eizelle die Enzyme der Corticalgranula abgegeben. Diese machen die Zona pellucida für weitere Spermien undurchdringbar. |
| Vertieftes Wissen | — |

(7) Beschreiben Sie die wesentlichsten Punkte bei der Entwicklung einer Zygote zum Neugeborenen.

| Grundwissen | Zygote → Morula (vielzellige Kugel) → Blastocyste → Differenzierung der Körperstruktur des Embryos → Fetus (alle wichtigen Körperstrukturen sind angelegt) → Ausbildung der äußeren Geschlechtsorgane → Bildung von Milchzähnen unter dem Zahnfleisch → Gehirn nimmt an Masse zu → Geburt |
| Vertieftes Wissen | — |

(8) Worin unterscheiden sich Zygote, Embryo und Fetus (Fötus).

| Grundwissen | Zygote: einzellig, diploid
 Embryo: mehrzellig, noch nicht alle Organstrukturen angelegt
 Fetus: mehrzellig, alle inneren Organe angelegt |
| Vertieftes Wissen | — |

Seite für eigene Notizen

Seite für eigene Notizen

11

Lösungen:
Abbildungen zum Beschriften

Armin Baur

A. Baur, *Humanbiologie für Lehramtsstudierende,*
DOI 10.1007/978-3-662-45368-1_12, © Springer-Verlag Berlin Heidelberg 2015

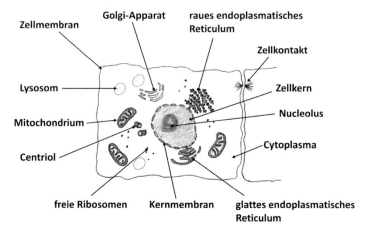

Zellmembran · Golgi-Apparat · raues endoplasmatisches Reticulum · Zellkontakt · Lysosom · Zellkern · Nucleolus · Mitochondrium · Centriol · Cytoplasma · freie Ribosomen · Kernmembran · glattes endoplasmatisches Reticulum

□ **Abb. 12.1** Abbildung 1.1: Aufbau einer Zelle

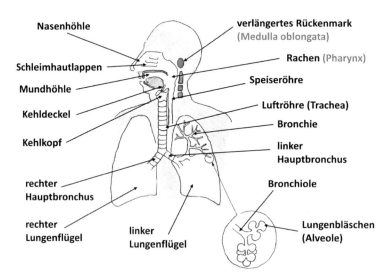

Nasenhöhle · verlängertes Rückenmark (Medulla oblongata) · Schleimhautlappen · Rachen (Pharynx) · Mundhöhle · Speiseröhre · Kehldeckel · Luftröhre (Trachea) · Kehlkopf · Bronchie · linker Hauptbronchus · rechter Hauptbronchus · Bronchiole · rechter Lungenflügel · linker Lungenflügel · Lungenbläschen (Alveole)

□ **Abb. 12.2** Abbildung 2.1: Atmungsorgane

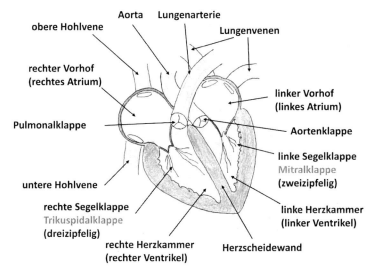

Aorta   Lungenarterie

obere Hohlvene

Lungenvenen

rechter Vorhof
(rechtes Atrium)

linker Vorhof
(linkes Atrium)

Pulmonalklappe

Aortenklappe

linke Segelklappe
Mitralklappe
(zweizipfelig)

untere Hohlvene

rechte Segelklappe
Trikuspidalklappe
(dreizipfelig)

linke Herzkammer
(linker Ventrikel)

rechte Herzkammer
(rechter Ventrikel)

Herzscheidewand

◘ **Abb. 12.3** Abbildung 3.1: Herz-Anatomie

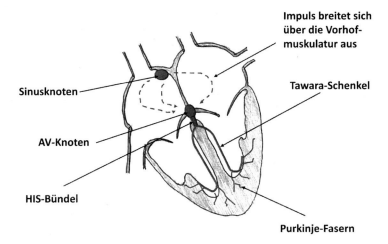

**Impuls breitet sich
über die Vorhof-
muskulatur aus**

Sinusknoten

Tawara-Schenkel

AV-Knoten

HIS-Bündel

Purkinje-Fasern

◘ **Abb. 12.4** Abbildung 3.2: Reizleitung des Herzens

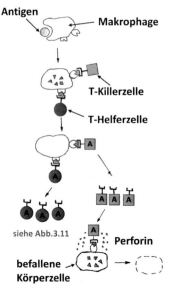

Antigen

Makrophage

(I) Makrophage nimmt Antigen auf

T-Killerzelle

T-Helferzelle

(II) - Makrophage präsentiert Antigen-
      fragmente
    - passende T-Lymphocyten (T-
      Helferzelle und T-Killerzelle)
      koppeln sich an den Makrophagen

(III) -T-Lymphocyten werden aktiviert
      und vermehren sich
    - Bildung von Gedächtniszellen

siehe Abb.3.11

Perforin

befallene
Körperzelle

(IV) T-Killerzelle koppelt sich an eine
      befallene Körperzelle und sondert
      Perforin ab → Zerstörung der
      Körperzelle

☐ **Abb. 12.5** Abbildung 3.11: Spezifische (adaptive) Immunreaktion I

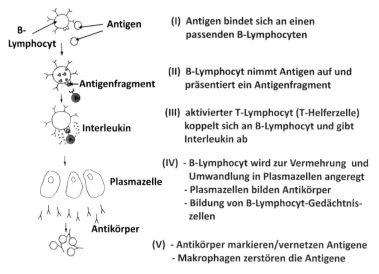

B-
Lymphocyt

Antigen

(I) Antigen bindet sich an einen
     passenden B-Lymphocyten

Antigenfragment

(II) B-Lymphocyt nimmt Antigen auf und
      präsentiert ein Antigenfragment

Interleukin

(III) aktivierter T-Lymphocyt (T-Helferzelle)
       koppelt sich an B-Lymphocyt und gibt
       Interleukin ab

Plasmazelle

(IV) - B-Lymphocyt wird zur Vermehrung und
       Umwandlung in Plasmazellen angeregt
     - Plasmazellen bilden Antikörper
     - Bildung von B-Lymphocyt-Gedächtnis-
       zellen

Antikörper

(V) - Antikörper markieren/vernetzen Antigene
    - Makrophagen zerstören die Antigene

☐ **Abb. 12.6** Abbildung 3.12: Spezifische (adaptive) Immunreaktion II

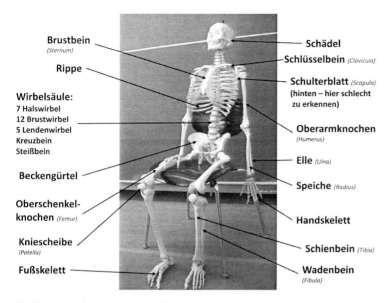

Brustbein
(Sternum)

Rippe

Wirbelsäule:
7 Halswirbel
12 Brustwirbel
5 Lendenwirbel
Kreuzbein
Steißbein

Beckengürtel

Oberschenkel-
knochen (Femur)

Kniescheibe
(Patella)

Fußskelett

Schädel

Schlüsselbein (Clavicula)

Schulterblatt (Scapula)
(hinten – hier schlecht
zu erkennen)

Oberarmknochen
(Humerus)

Elle (Ulna)

Speiche (Radius)

Handskelett

Schienbein (Tibia)

Wadenbein
(Fibula)

◘ **Abb. 12.7** Abbildung 4.8: Menschliches Skelett

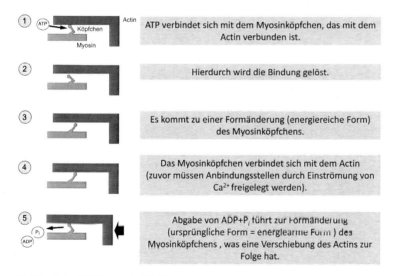

① ATP → Köpfchen — Actin — Myosin

ATP verbindet sich mit dem Myosinköpfchen, das mit dem Actin verbunden ist.

② Hierdurch wird die Bindung gelöst.

③ Es kommt zu einer Formänderung (energiereiche Form) des Myosinköpfchens.

④ Das Myosinköpfchen verbindet sich mit dem Actin (zuvor müssen Anbindungsstellen durch Einströmung von Ca^{2+} freigelegt werden).

⑤ P_i / ADP — Abgabe von ADP+P_i führt zur Formänderung (ursprüngliche Form = energiearme Form) des Myosinköpfchens , was eine Verschiebung des Actins zur Folge hat.

◘ **Abb. 12.8** Abbildung 4.14: Gleitfilamenttheorie

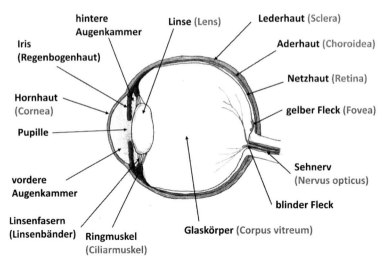

Abb. 12.9 Abbildung 5.4: Augenaufbau

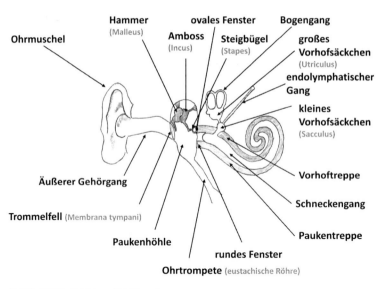

Abb. 12.10 Abbildung 5.7: Ohraufbau

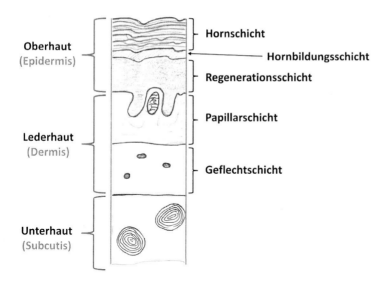

Oberhaut
(Epidermis)

Lederhaut
(Dermis)

Unterhaut
(Subcutis)

Hornschicht

Hornbildungsschicht

Regenerationsschicht

Papillarschicht

Geflechtschicht

◨ **Abb. 12.11** Abbildung 5.11: Hautaufbau

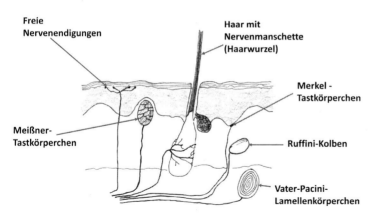

Freie
Nervenendigungen

Haar mit
Nervenmanschette
(Haarwurzel)

Merkel -
Tastkörperchen

Meißner-
Tastkörperchen

Ruffini-Kolben

Vater-Pacini-
Lamellenkörperchen

◨ **Abb. 12.12** Abbildung 5.12: Rezeptoren der Haut

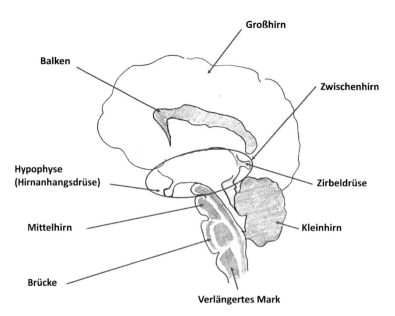

Dendriten: empfangen Eingangssignale und leiten sie
an den Zellkörper weiter

Zellkörper

Axonhügel

Axon: leitet Signale vom
Zellkörper weg zu den Endigungen

Ranvier-Schnürring

Endköpfchen

Schwann-Zelle (Myelinscheide):
stützen, isolieren und ernähren das
Neuron

◻ **Abb. 12.13** Abbildung 6.1: Aufbau eines Neurons

Großhirn

Balken

Zwischenhirn

Hypophyse
(Hirnanhangsdrüse)

Zirbeldrüse

Mittelhirn

Kleinhirn

Brücke

Verlängertes Mark

◻ **Abb. 12.14** Abbildung 6.8: Gehirn

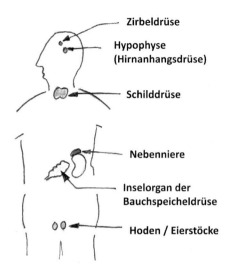

Zirbeldrüse

**Hypophyse
(Hirnanhangsdrüse)**

Schilddrüse

Nebenniere

**Inselorgan der
Bauchspeicheldrüse**

Hoden / Eierstöcke

☐ **Abb. 12.15** Abbildung 7.1: Endokrine Drüsen (Hormondrüsen)

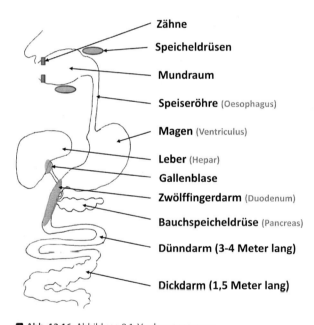

Zähne

Speicheldrüsen

Mundraum

Speiseröhre (Oesophagus)

Magen (Ventriculus)

Leber (Hepar)

Gallenblase

Zwölffingerdarm (Duodenum)

Bauchspeicheldrüse (Pancreas)

Dünndarm (3-4 Meter lang)

Dickdarm (1,5 Meter lang)

☐ **Abb. 12.16** Abbildung 8.1: Verdauungsorgane

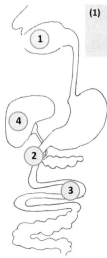

(1) - Im Mund wird Nahrung zerkleinert (Oberflächen-
       vergrößerung)
       - Enzym α-Amylase aus Speicheldrüsen zerlegt Stärke und
       Glykogen in kurzkettige Polysaccharide bzw. in Disaccharide

(2) - α-Amylase aus der Bauchspeicheldrüse spaltet Stärke
       und Glykogen in Disaccharide bzw. in Mono-
       saccharide (Glucose)

(3) - Dünndarmzellen geben Enzyme (Disaccharidasen)
       ab, die Disaccharide in Monosaccharide spalten
       - Aufnahme von Monosacchariden ins Blut

(4) - Speicherung von Glucose in Form von Glykogen in
       der Leber und in Muskelzellen (durch Insulin
       angeregt - Glucagon verursacht Abbau)

(5) - Aufnahme von Glucose in die Zellen (durch Insulin
       angeregt - Glucagon Gegenspieler)

◘ **Abb. 12.17** Abbildung 8.7: Übersicht: Verdauung und Aufnahme von Kohlenhydraten

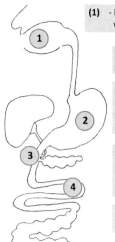

(1) - Im Mund wird Nahrung zerkleinert (Oberflächen-
       vergrößerung)

(2) - Emulgierung durch Magenperistaltik
       - Magenlipase (Enzym) spaltet Triglyceride (TG) auf

(3) - Emulgierung durch Gallensäure
       - Aufspaltung der TGs durch Lipase aus der Bauch-
       speicheldrüse (TG → Glycerin + 3 Fettsäuren (FS))
       - Micellenbildung (freie Fettsäuren + Gallensäure)

(4) - direkte Resorption von kurz- und mittelkettigen FS
       und TGs ins Blut
       - langkettige FS werden reverestert → TGs dann
       Chylomikronenbildung und Resorption in die Lymphe

(5) - Transport übers Blut (Lymphgefäße führen in die
       Venen) zu Fett- und Muskelzellen

◘ **Abb. 12.18** Abbildung 8.12: Übersicht: Verdauung und Aufnahme von Fetten

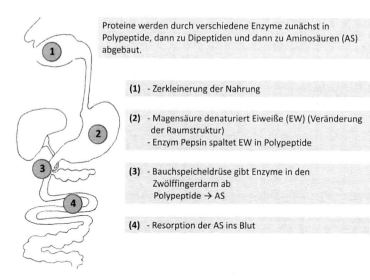

Proteine werden durch verschiedene Enzyme zunächst in Polypeptide, dann zu Dipeptiden und dann zu Aminosäuren (AS) abgebaut.

(1) - Zerkleinerung der Nahrung

(2) - Magensäure denaturiert Eiweiße (EW) (Veränderung der Raumstruktur)
- Enzym Pepsin spaltet EW in Polypeptide

(3) - Bauchspeicheldrüse gibt Enzyme in den Zwölffingerdarm ab
Polypeptide → AS

(4) - Resorption der AS ins Blut

◘ **Abb. 12.19** Abbildung 8.17: Übersicht: Verdauung von Proteinen und Aufnahme von Aminosäuren

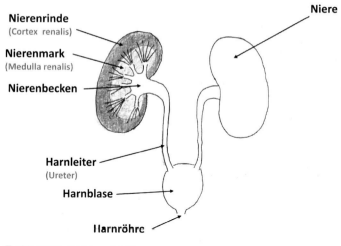

Niere

Nierenrinde
(Cortex renalis)

Nierenmark
(Medulla renalis)

Nierenbecken

Harnleiter
(Ureter)

Harnblase

Harnröhre

◘ **Abb. 12.20** Abbildung 9.1: Nieren

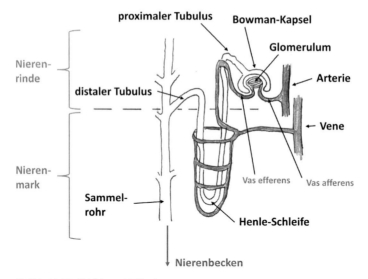

Abb. 12.21 Abbildung 9.2: Nephron

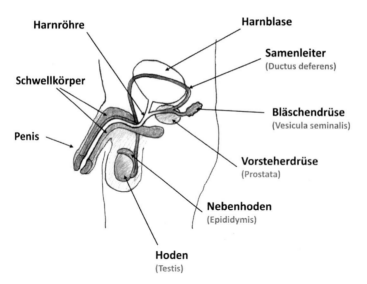

Abb. 12.22 Abbildung 10.1: Männliche Geschlechtsorgane

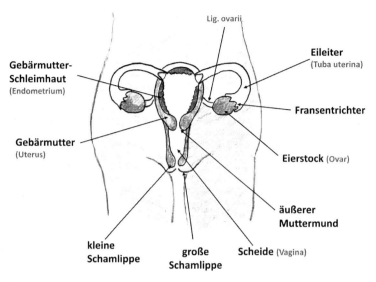

□ Abb. 12.23 Abbildung 10.2: Weibliche Geschlechtsorgane

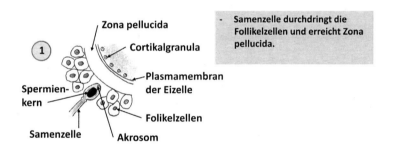

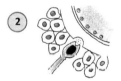

□ Abb. 12.24 Abbildung 10.4: Befruchtung

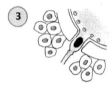

- Akrosomreaktion sorgt für Bindung und Verschmelzung mit dem Ei.
- Kontakt des Spermiums löst Depolarisation der Plasmamembran beim Ei aus.

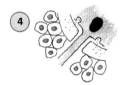

- Depolarisation führt zur Exocytose der Corticalgranula.
- Enzyme aus den Corticalgranula härten die Zona pellucida -> Verhinderung von Polyspermie.
- Das komplette Spermium wird in die Eizelle aufgenommen (Bauteile für Zellorganellen).
- Die beiden Kerne lösen ihre Kernhülle auf und verschmelzen.

◻ **Abb. 12.24** *(Fortsetzung)* Abbildung 10.4: Befruchtung

Seite für eigene Notizen

Seite für eigene Notizen

Serviceteil

Glossar zum Buch – 194

A. Baur, Humanbiologie für Lehramtsstudierende,
DOI 10.1007/978-3-662-45368-1, © Springer-Verlag Berlin Heidelberg 2015

Glossar zum Buch

(auch verwendbar als Lösungen zu Aufgabe 1)

Acetyl-CoA: Molekül, das beim zellulären Abbau der Nährstoffe aus diesen gebildet wird. Acetyl-CoA wird im ↑Citronensäurezyklus vollständig oxidiert (abgebaut), wodurch ↑ATP und ↑NADH+H⁺ bzw. ↑FADH₂ erzeugt werden. NADH+H⁺ und FADH₂ werden später zur Gewinnung von Energie verwendet, die in Form von ATP gespeichert wird. (Syn.: aktivierte Essigsäure)

Actin: Struktur der ↑Muskelfaser. Bei der Muskelkontraktion schieben sich Actin und ↑Myosin übereinander; hierbei ist das Myosin der antreibende Teil. Durch die Formänderung der Myosinköpfe werden die Actinfilamente über die Myosinfilamente gezogen. Außerdem ist Actin bei allen eukaryotischen Zellen ein Bestandteil des Cytoskeletts und am intrazellulären Transport und an der Zellbewegung beteiligt.

Adaptation: Anpassung des Auges an das Lichtverhältnis. Die Adaptation erfolgt durch eine Veränderung der ↑Regenbogenhaut, ausgelöst durch die in ihr enthaltene Muskulatur. Die Veränderung führt zur Vergrößerung bzw. Verkleinerung der Pupillenöffnung. Bei starkem Lichteinfall wird die Pupillenöffnung kleiner und bei schwachem Lichteinfall größer.

Adenohypophyse: ↑Hypophysenvorderlappen

Aderhaut: Bestandteil des Auges. Die Aderhaut befindet sich zwischen der ↑Lederhaut und ↑Netzhaut. Die Aderhaut ist reich an Blutgefäßen und versorgt anliegendes Gewebe. (Syn.: Choroidea)

ADH: ↑Hormon, durch dessen Wirkung in der Niere vermehrt Wasser rückresorbiert wird. ADH wird vom ↑Hypophysenhinterlappen (Neurohypophyse) ins Blut abgegeben. (Syn.: antidiuretisches Hormon, Adiuretin, Vasopressin)

afferente Neuronen: Teile des ↑peripheren Nervensystems. Afferente Neuronen sind Nervenzellen, die Informationen von einem Sinnesorgan zum ↑Zentralnervensystem leiten. (Syn.: sensible Neuronen, sensorische Neuronen)

Akkommodation: Veränderung der Form der ↑Linse im Auge, um ein scharfes Bild von fixierten Objekten auf der ↑Netzhaut zu erzeugen. Diese Formveränderung wird durch Kontraktion oder Entspannung des ↑Ringmuskels hervorgerufen. Kontrahiert sich der Ringmuskel, wird er im Durchmesser kleiner. Der Zug auf die ↑Linsenbänder und dadurch auf die Linse lässt nach. Durch die Eigenelastizität der Linse nimmt diese ihre Kugelform an. Hierdurch verändert sich die Brechkraft und nahe Gegenstände werden scharf auf die Netzhaut abgebildet. Entspannt sich der Ringmuskel, kommt es zum Zug an den Linsenbändern und die Linse flacht sich ab. Nun können ferne Gegenstände scharf auf die Netzhaut abgebildet werden.

Akrosom: Vesikel (Membranbläschen) des Spermiums. Das Akrosom wird bei Kontakt mit der Eizelle durch ↑Exocytose abgegeben. Im Akrosom befinden sich ↑Enzyme, die die Hülle der Eizelle für das Spermium durchdringbar machen.

Aktionspotenzial: kurzfristige Veränderung des ↑Membranpotenzials bei Nerven- und Muskelzellen mithilfe von Ionen, die durch spannungsabhängige ↑Kanäle strömen. Ein Aktionspotenzial erfolgt auf einen Reiz hin und dient bei Nervenzellen dem Transport von Informationen und bei Muskelzellen der Stimulation der Kontraktion.

aktiver Transport: Transportvorgang von Molekülen in die Zelle oder aus ihr heraus, bei dem Energie verbraucht wird (Opp.: ↑passiver Transport)

Aldosteron: ↑Hormon, durch dessen Wirkung vermehrt Natrium (Na⁺) in der Niere rückresorbiert wird. Aldosteron wird in der ↑Nebenniere produziert und dort ins Blut abgegeben.

α-Amylase: ↑Enzym des Kohlenhydratstoffwechsels. Die α-Amylase spaltet ↑Stärke in kurzkettige ↑Kohlenhydrate. Sie wird von den Speicheldrüsen und der Bauchspeicheldrüse produziert und abgegeben.

Alveole: kleine dünnwandige Höhle am Ende der Luftwege. Über die Alveolen diffundiert Sauerstoff (O_2) ins Blut und Kohlenstoffdioxid (CO_2) in den Gasraum der Lunge. Die Gesamtheit der Alveolen vergrößert durch ihre bläschenartige Form die Oberfläche des Lungenepithels. (Syn.: Lungenbläschen)

Amboss: Bestandteil des ↑Mittelohrs. Der Amboss ist eines der drei Gehörknöchelchen. Die Gehörknöchelchen übersetzen die Schwingungen des Trommelfells in Druckwellen in der Lymphflüssigkeit, die sich in den Gängen der ↑Schnecke befindet.

Aminosäure: kleinster Baustein, aus denen ↑Proteine zusammengesetzt sind. Es gibt 20 unterschiedliche Aminosäuren, aus denen Proteine aufbaut sind.

Amplitude: Begriff aus der Physik. Eine Amplitude steht für die maximale Auslenkung bei einer periodischen Schwingung, von der Nulllinie aus gemessen.

Ampulle: Bestandteil des ↑Innenohrs. Eine Ampulle ist der räumlich vergrößerte Teil eines ↑Bogengangs, in dem die Haarsinneszellen mit der ↑Cupula lokalisiert sind. Bei einer Drehbewegung wird die Endolymphe in den Bogengängen durch ihre Trägheit verlagert, was zur Bewegung der Cupula und zur Reizung der ↑Sinneszellen führt.

Androgene: männliche Geschlechtshormone (↑Hormon). Es gibt viele Androgene, eines ist ↑Testosteron. Androgene steuern die Entwicklung der männlichen Geschlechtsorgane. Androgene werden auch im weiblichen Körper gebildet. Sie sind die Vorläufer der weiblichen Geschlechtshormone.

Anion: elektrisch negativ geladenes ↑Ion (Atom oder Molekül) (Opp.: ↑Kation)

antidiuretisches Hormon: ↑ADH

Antigen: Stoff (körperfremder), an den Antikörper und Rezeptoren von ↑Lymphocyten binden. Antigene sind Teilstrukturen von Viren, Bakterien oder anderen ↑Pathogenen. Umgangssprachlich werden Viren, Bakterien und andere Pathogene oft als Antigene bezeichnet.

Antigenfragment: Bestandteil des Antigens, das von ↑Makrophagen oder ↑B-Lymphocyten den ↑T-Lymphocten präsentiert wird. Die T-Lymphocyten werden, wenn sie zum Antigenfragment passen, aktiviert. Aktivierte T-Lymphocyten führen bei Kontakt mit einem präsentierten Antigenfragment eine Reaktion aus.

Antikörper: Y-förmige Proteinstruktur, die spezifisch mit genau einem ↑Antigen reagiert – es kommt zur Antigen-Antikörper-Reaktion. Bei der Antigen-Antikörper-Reaktion verbinden sich die Antikörper mit den passenden Antigenen. Hierdurch werden die Antigene in ihrer Bewegungsmöglichkeit beeinträchtigt (Bildung eines Immunkomplexes). Der Antigen-Antikörper-Komplex (Immunkomplex) wird durch andere Komponenten des Immunsystems eliminiert. Antikörper werden von ↑Plasmazellen produziert. (Syn.: Immunglobulin)

Aorta: Blutgefäß (arteriell). Das Blut aus der linken Herzkammer fließt in die Aorta, aus der alle Arterien des Körperkreislaufes abgehen.

Aortenbogen: Teil der Aorta, der am Herzen entspringt und eine annähernd halbkreisförmige Biegung hat.

Arterie: Blutgefäß (arteriell). Arterien transportieren das Blut vom Herzen weg in den Körper. Arterien haben eine elastische Gefäßwand, sodass durch Ausdehnen und Zusammenziehen des Gefäßes Pulswellen entstehen können.

Arteriole: Blutgefäß (arteriell). Die Arteriolen folgen auf die Arterien. Sie sind im Durchmesser kleiner. Nach den Arteriolen fließt das Blut in die ↑Kapillaren.

Atmungskette: abschließender Schritt der ↑inneren Atmung (Zellatmung). Die Atmungskette befindet sich in den ↑Mitochondrien. Bei den Reaktionen werden Elektronen und Wasserstoffionen von ↑NADH+H⁺ und ↑FADH₂ auf Sauerstoff (O) übertragen. Hierbei entsteht Energie, die zur Bildung von ↑ATP eingesetzt wird.

ATP: Adenosintriphosphat. Molekül, das zur Speicherung von Energie (chemische Energie, Bindungsenergie) verwendet wird. Wird ATP zu ADP und Pᵢ gespalten, wird die Energie wieder frei und kann von den Zellen für energieverbrauchende Vorgänge und Reaktionen verwendet werden.

Augenbraue: streifenförmig angelegter Haarbereich über dem Auge, der verhindern soll, dass Schweiß von der Stirn ins Auge fließt

Augenlid: Hautfalte, die das Auge verschließen kann. Es gibt das Ober- und das Unterlid. Das Augenlid schützt das Auge und hält die ↑Hornhaut durch Verteilung von Tränenflüssigkeit feucht.

Außenohr: Bereich des Ohrs, der von der Gehörmuschel bis zum Trommelfell reicht

äußere Atmung: Aufnahme von Sauerstoff (O₂) aus der Umwelt ins Blut und Abgabe von Kohlenstoffdioxid (CO₂) aus dem Blut in die Umwelt

äußerer Gehörgang: Bestandteil des ↑Außenohrs. Der äußere Gehörgang leitet die Schallwellen zum Trommelfell.

autonomes Nervensystem: ↑vegetatives Nervensystem

AV-Knoten: Teil des Reizleitungssystems des Herzens. Der AV-Knoten liegt zwischen den Vorhöfen und den Herzkammern. Er nimmt den Impuls, der ausgehend vom Sinusknoten über die Vorhofmuskulatur verläuft, auf und leitet ihn zum His-Bündel. (Syn.: Atrioventrikularknoten)

Balken: Teil des ↑Zentralnervensystems. Der Balken ist die Verbindung der beiden Hälften (Hemisphären) des ↑Großhirns.

Ballaststoffe: Nahrungsbestandteile, die vom Körper nicht gespalten werden können. Ballaststoffe sind meist langkettige ↑Kohlenhydrate. Sie sind für die gesunde Darmtätigkeit wichtig.

Bänder: dehnbare meist flache Struktur, die die Skelettelemente eines Gelenks verbindet. Bänder sind im weiteren Sinne auch Strukturen, die die inneren Organe befestigen.

Basilarmembran: Bestandteil des ↑Innenohrs; Teil der ↑Schnecke. Die Basilarmembran trennt den Schneckengang von der Paukentreppe. An der Basilarmembran sitzt das ↑Corti-Organ. Beim Hörvorgang werden die Haarsinneszellen des Corti-Organs durch die Auslenkung der Basilarmembran gereizt.

Bauchatmung: Aufnahme und Abgabe von Atemgasen in die Lunge, ausgelöst durch die Bewegung des Zwerchfells

β-Oxidation: Schritt der ↑inneren Atmung (Zellatmung). Bei der β-Oxidation werden ↑Fettsäuren zu ↑Acetyl-CoA gespalten. Das Acetyl-CoA kann dann in den weiteren Vorgängen der Zellatmung oxidiert und so Energie daraus gewonnen werden. Die β-Oxidation findet in den ↑Mitochondrien statt.

Binde- und Stützgewebe: ↑Gewebe mit Binde-, Stütz-, Stoffwechsel- und Speicherfunktion

Bläschendrüse: Teil der männlichen Geschlechtsorgane. Die Bläschendrüse produziert ein flüssiges Sekret, das dem ↑Sperma zugegeben wird. Das Sekret enthält u. a. Fructose, um den Spermien Energie bereitzustellen. Es gibt zwei Bläschendrüsen. (Syn.: Samenblase)

Blende: Öffnung bei einem optischen Gerät, durch die Licht ins Innere des Gerätes dringt. Durch die Weite der Blende (den Durchmesser der Öffnung) kann die Menge des Lichtes verändert werden, die in das optische Gerät fällt.

blinder Fleck: Stelle auf der ↑Netzhaut, an der sich keine ↑Sehzellen befinden

Blutkörperchen: Blutzellen (↑Erythrocyten, ↑Thrombocyten und ↑Leukocyten)

Blutplasma: nichtzellulärer Bestandteil des Blutes

B-Lymphocyt: Immunzelle. Aus B-Lymphocyten entstehen ↑Plasmazellen. Trifft ein antigenfragmentpräsentierender B-Lymphocyt auf eine passende, aktivierte T-Helferzelle, wird der B-Lymphocyt durch ↑Interleukine angeregt, sich zu vermehren und in eine ↑Plasmazelle umzuwandeln. Plasmazellen produzieren ↑Antikörper.

Bogengänge: Bestandteile des ↑Innenohrs. Die in den drei Raumebenen angeordneten Bogengänge mit ihren verdickten ↑Ampullen sind die Organe des Drehsinns. Die Bogengänge sind mit Endolymphe gefüllt. Kommt es zu einer Drehbewegung des Körpers, bleibt die Endolymphe in den entsprechenden Bogengängen durch ihre Trägheit stehen, was zur Biegung der ↑Cupulae und dadurch zur Reizung der Haarsinneszellen (Drehwahrnehmung) führt.

Bronchien: kleine „Röhrchen", die mit glatter Muskulatur ausgestattet und einer Schleimhaut ausgekleidet sind. Die Bronchien sind Bestandteil der ↑unteren Atemwege. Sie entspringen den Bronchialbäumen und verzweigen sich in die Bronchiolen.

Bronchiolen: kleinste „Röhrchen", die mit glatter Muskulatur ausgestattet und einer Schleimhaut ausgekleidet sind. Sie sind Bestandteil der ↑unteren Atemwege. Die Bronchiolen zweigen von den Bronchien ab und münden in die Alveolen.

Brücke: Teil des ↑Zentralnervensystems. Schaltzentrum zwischen ↑Groß- und ↑Kleinhirn

Brustatmung: Aufnahme und Abgabe von Atemgasen in die Lunge, ausgelöst durch die Bewegung des Brustkorbs

Carrier: Protein in der Zellmembran, das spezifisch Stoffe durch Veränderung der eigenen Form durch die Membran transportiert. (Syn.: Transportprotein)

Centriol: Bestandteil des ↑Cytoplasmas. Aus den Centriolen entsteht bei der Zellteilung der Spindelapparat.

Chylomikron: Transportmolekül, das im Dünndarm aufgenommene ↑Triglyceride zu den Muskel- und Fettzellen transportiert.

Ciliarmuskel: ↑Ringmuskel

Citronensäurezyklus: Schritt der ↑inneren Atmung (Zellatmung). Bei den Vorgängen des Citronensäurezyklus wird ↑Acetyl-CoA vollständig oxidiert. Die anfallenden Elektronen und Wasserstoffionen (H⁺) werden von den Wasserstoffüberträgern (↑NAD⁺ und ↑FAD) aufgenommen. Zusätzlich zu den Elektronen und Wasserstoffionen, die später in der ↑Atmungskette mit Sauerstoff (O) reagieren, fällt beim Citronensäurezyklus Energie an, die in Form von ↑ATP gespeichert wird. Der Citronensäurezyklus findet in den ↑Mitochondrien statt. (Syn.: Citratzyklus)

Coenzym: Molekül, das ein wichtiger Bestandteil eines Enzyms ist. Coenzyme leiten sich oft von Vitaminen ab (werden aus diesen gewonnen).

Corticalgranulum: Vesikel (Membranbläschen) unter der Hülle der Eizelle. Hat sich ein Spermium mit der Eizelle verbunden, wird der Inhalt der Corticalgranula durch ↑Exocytose abgegeben. Die enthaltenen Stoffe verändern die Hülle der Eizelle, um eine Verschmelzung mit einem weiteren Spermium zu verhindern.

Corti-Organ: Bestandteil des ↑Innenohrs; Teil der ↑Schnecke. Das Corti-Organ setzt sich aus Haarsinneszellen, Stützzellen und Nervenfasern zusammen. Es wird von der ↑Basilarmembran und der Tektorialmembran begrenzt. Beim Hörvorgang werden die Basilarmembran und die Tektorialmembran in Schwingungen versetzt, was zum Auslenken der Haare der Haarsinneszellen des Corti-Organs führt. Das Corti-Organ ist das Organ des Hörsinns.

Cupula: Bestandteil des ↑Innenohrs; Teil der ↑Bogengänge. Die Cupula ist eine gallertige Masse, die sich in den ↑Ampullen der Bogengänge über den Haaren der Haarsinneszellen befindet und bei einer entsprechenden Drehbewegung ausgelenkt wird.

Cytoplasma: Bestandteil der Zelle. Flüssiger Anteil, der die Zellorganellen umgibt (Syn.: Zellplasma)

Dehydration: hoher Verlust von Körperflüssigkeit. Eine Dehydration kann durch verminderte Wasseraufnahme, Störung der Nierenfunktion, extremes Schwitzen, Erbrechen, Durchfall, Blutverlust oder Flüssigkeitsverlust durch Verbrennungen verursacht werden. (Opp.: ↑Hydration)

Dermis: ↑Lederhaut

Desmosom: Zellverbindung, die Zellen miteinander verbindet/zusammenschließt (Syn.: Punktdesmosom)

Diastole: Füllungsphase des Herzens während des Herzzyklus. Die Herzkammern füllen sich mit Blut. (Opp.: ↑Systole)

Differenzialsensor: Sinnesrezeptor, der nur auf Veränderungen reagiert (Opp.. ↑Proportionalsensor)

Diffusion: eigenständig ablaufender Konzentrationsausgleich (gleichmäßige Verteilung/Mischung) von flüssigen, in Flüssigkeit gelösten oder gasförmigen Stoffen. Der Motor der Diffusion ist die Brown'sche Molekularbewegung.

Diglycerid: Molekül, das aus zwei Fettsäuren und Glycerin zusammengesetzt ist

Diploid: doppelter Chromosomensatz (Opp.: ↑haploid)

Disaccharid: ↑Kohlenhydrat. Ein Disaccharid ist ein Zucker, der aus zwei ↑Monosacchariden (Einfachzuckern) zusammengesetzt ist. (Syn.: Zweifachzucker)

Drehgelenk: ↑echtes Gelenk, das Drehbewegungen um eine Achse ermöglicht (z. B. Verbindung Elle und Speiche) (Syn.: Rad- und Zapfengelenk)

echtes Gelenk: ↑Gelenk, bei dem die Knochen durch einen flüssigkeitsgefüllten Spalt, den Gelenkspalt, getrennt sind. Das echte Gelenk ist von einer Gelenkkapsel umgeben. (Opp.: ↑unechtes Gelenk)

efferente Neuronen: Teil des ↑peripheren Nervensystems. Efferente Neuronen sind Nervenzellen, die Informationen vom ↑Zentralnervensystem zum Erfolgsorgan (den Effektor) leiten. (Syn.: Motoneuronen, motorische Neuronen)

Eierstöcke: Teil der weiblichen Geschlechtsorgane. In den zwei Eierstöcken reifen ↑Follikel heran und es werden weibliche Geschlechtshormone gebildet. Beim ↑Eisprung wird an einem Eierstock aus einem Follikel eine Eizelle in den Trichter des ↑Eileiters abgegeben. Der Rest des Follikels entwickelt sich zum ↑Gelbkörper und produziert Hormone. (Syn.: Ovarien)

Eileiter: Teil der weiblichen Geschlechtsorgane. Der Eileiter ist ein schlauchförmiges, paarig angelegtes Hohlorgan, das die beim ↑Eisprung entlassene Eizelle zur ↑Gebärmutter transportiert. Zu den ↑Eierstöcken hin ist der Eileiter trichterförmig aufgebaut, um die Eizelle aufzunehmen.

Eisprung: Vorgang, wenn an einem ↑Eierstock aus einem ↑Follikel eine Eizelle in den Trichter des Eileiters abgegeben wird. Ein Eisprung ereignet sich etwa zur Mitte des ↑Menstruationszyklus. (Syn.: Ovulation)

Elektrolyt: Im weitesten Sinn sind Elektrolyte Stoffe (Atome oder Moleküle), die als Ionen(↑Anionen oder ↑Kationen) vorliegen. Im eigentlichen Sinn sind Elektrolyte chemische Verbindungen, die frei bewegliche ↑Ionen bilden können.

Embryo: Bezeichnung für ein Lebewesen in der frühen Phase seiner Entwicklung. Der Embryo entsteht aus der ↑Zygote und entwickelt sich zum ↑Fetus.

Emulgator: Ein Emulgator schafft die Möglichkeit, dass wasserunlösliche Bestandteile, gleichmäßig im Wasser „verteilt" oder auch umgekehrt wasserlösliche Bestandteile gleichmäßig in Ölen „verteilt" werden können.

Endocytose: Aufnahme von Stoffen (mehreren Molekülen zusammen) mithilfe eines Membranbläschens (Vesikel) in die Zelle. Die Zellmembran stülpt sich in die Zelle hinein, verschließt sich zu einem Membranbläschen und löst sich von der Zellmembran ab.

endokrines System: Organe und Zellen, die Hormone produzieren. Das endokrine System unterscheidet sich vom ↑exokrinen System darin, dass die produzierten Stoffe (Hormone) in den Körper (ins Blut) abgegeben werden. (Syn.: Hormonsystem; Opp.: ↑exokrines System)

endolymphatischer Gang: Der endolymphatische Gang entspringt aus den kleinen ↑Vorhofsäckchen. Seine Funktion ist noch nicht ganz geklärt, er dient möglicherweise dem Druckausgleich des Endolymphsystems des ↑Innenohrs.

endoplasmatisches Reticulum: Organell einer eukaryotischen Zelle. Das endoplasmatische Reticulum besteht aus Faltungen der äußeren Membran des Zellkerns. Im endoplasmatischen Reticulum findet die Synthese von unterschiedlichen Stoffen statt. Es gibt das glatte und das raue endoplasmatische Reticulum. Am rauen endoplasmatischen Reticulum sind ↑Ribosomen gebunden, die Proteine in das Volumen des Reticulums synthetisieren.

Enzym: Molekül, das biochemische Reaktionen anfacht und selbst unverändert aus der Reaktion hervorgeht. Enzyme sind Katalysatoren. (Syn.: Ferment)

Epidermis: ↑Oberhaut

Epithel: Deckgewebe (↑Epithelgewebe), das innere oder äußere Körperflächen bedeckt

Epithelgewebe: ↑Gewebe, das die innere und äußere Oberfläche von Organen bedeckt

Erfolgsorgan: Organ (Körperstruktur), das von Hormonen oder von Nervenimpulsen angesprochen wird und hierauf eine Reaktion ausführt

Erythrocyt: Blutzelle, die ↑Hämoglobin enthält. Die Erythrocyten transportieren Sauerstoff (O_2) aus der Lunge in den Körper und geben ihn an entsprechender Stelle wieder ab. In sehr geringem Maße transportieren Erythrocyten auch Kohlenstoffdioxid (CO_2) aus dem Körper in die Lungen. (Syn.: rotes Blutkörperchen)

eustachische Röhre: ↑Ohrtrompete

Exocytose: Transport von Stoffen (mehreren Moleküle zusammen) mithilfe eines Membranbläschens (Vesikel) aus der Zelle. Das Bläschen lagert sich an die Zellmembran, verschmilzt mit ihr und öffnet sich nach außen.

exokrines System: Organe und Zellen (Drüsen), die Stoffe produzieren und diese in die Außenwelt (hierzu gehört auch der Verdauungstrakt) abgeben (Opp.: ↑endokrines System)

Exspiration: Ausatmung

extrazellulärer Raum: Raum außerhalb der Zelle (Opp.: ↑intrazellulärer Raum)

FAD/FADH₂: Elektronen- und Wasserstoffionenüberträger (Molekül). FAD kann bei der Oxidation der Nährstoffe zwei Elektronen und Wasserstoffionen (H^+) aufnehmen. Die Elektronen und Wasserstoffionen werden innerhalb der Reaktionen der ↑Atmungskette mit Sauerstoff (O) verbunden, was zur Energiegewinnung führt.

Fettsäure: organische Säure, die je nach Aufbau sehr unpolar (wasserunlöslich) ist. Fettsäuren bilden mit Glycerin zusammen ↑Triglyceride. Triglyceride sind die Bausteine von natürlichen Ölen und Fetten.

Fetus: menschlicher Embryo, bei dem alle inneren Organe angelegt sind (Syn.: Fötus)

Fibrin: an der Blutgerinnung beteiligtes Protein. Fibrin bildet sich, ausgelöst durch eine Verletzung, aus der Vorstufe ↑Fibrinogen. Fibrin kann in wässrigen Lösungen ausfallen und eine netzartige Struktur bilden, in der sich Blutzellen verfangen. Hierdurch kommt es zur Bildung eines Verschlusses (Thrombus).

Fibrinogen: Bestandteil des Blutplasmas. Vorstufe des ↑Fibrins

Filtrat: In den Kapillaren wird ein Anteil des Blutes aufgrund des Blutdrucks durch die porige Gefäßwand befördert. Die Stoffe des Blutes, die durch die Poren ins anliegende Gewebe gepresst ("gefiltert") werden bezeichnet man als Filtrat.

Filtration: Vorgang, bei dem das ↑Filtrat entsteht

Follikel: Struktur, die aus einer Eizelle und der sie umhüllenden Zellen besteht. Die Follikel reifen in den ↑Eierstöcken heran. Schon vor der Geburt werden die Follikel (Primordialfollikel) in den Eierstöcken angelegt. Beim ↑Eisprung teilt sich ein Follikel in die Eizelle und in Gewebe, das im Eierstock zurückbleibt und den ↑Gelbkörper bildet. (Syn.: Ovarialfollikel, Eibläschen)

Fötus: ↑Fetus

freie Nervenendigungen: Sinnesrezeptoren in der Haut, die der Wahrnehmung von Schmerz, Kälte und Wärme dienen

Frequenz: Begriff aus der Physik. Die Frequenz gibt an, wie schnell sich ein periodischer Vorgang wiederholt bzw. wie viele Perioden pro Zeiteinheit stattfinden.

FSH: ↑Hormon, das die Follikelreifung bzw. die Spermienentstehung stimuliert. FSH wird vom ↑Hypophysenvorderlappen (Adenohypophyse) ins Blut abgegeben. (Syn.: follikelstimulierendes Hormon, Follitropin)

Gallensäuren: Bestandteile des Gallensaftes, der in der Leber produziert und in der Galle gespeichert und teilweise umgebaut wird. Es gibt unterschiedliche Gallensäuren. Sie wirken im Dünndarm als ↑Emulgatoren und sind für die Fettverdauung wichtig.

Gap junctions: offene Verbindungen (Kanäle) zwischen den Zellen, die einen Austausch von Molekülen und elektrischen Signalen (Informationen) ermöglichen

Gebärmutter: Teil der weiblichen Geschlechtsorgane. In der Gebärmutter nistet sich die befruchtete Eizelle in die ↑Gebärmutterschleimhaut ein und entwickelt sich zum geburtsreifen ↑Fetus. (Syn.: Uterus)

Gebärmutterschleimhaut: Teil der ↑Gebärmutter. Schleimhaut, die die Innenseite der Gebärmutter auskleidet. In die Gebärmutterschleimhaut nistet sich die befruchtete Eizelle ein. (Syn.: Endometrium, Uterusschleimhaut)

Gedächtniszelle: Immunzelle. Erscheinungsform eines ↑T-Lymphocyten (T-Gedächtniszelle) oder ↑B-Lymphocyten (B-Gedächtniszelle). Eine Gedächtniszelle verweilt viele Jahre im Körper und kann bei Bedarf, beim erneuten Kontakt mit dem Antigen, sofort reagieren.

Geflechtschicht: Teil der Haut (Teil der ↑Lederhaut). Die Geflechtschicht enthält elastische und zugfeste Fasern, die die Haut reißfest und dadurch verformbar machen.

gelber Fleck: Stelle auf der ↑Netzhaut an der sich hauptsächlich ↑Zapfen befinden. Am gelben Fleck liegt die größte Dichte von ↑Sehzellen auf der Netzhaut vor, daher ist er die Stelle des schärfsten Sehens, also die mit der besten Auflösung.

Gelbkörper: Teil des ↑Follikels, der beim ↑Eisprung im ↑Eierstock zurückbleibt und sich dort weiterentwickelt. Der Gelbkörper produziert Hormone (↑Progesteron und in kleinen Mengen ↑Östrogen), die u. a. eine weitere Follikelreifung verhindern. Wird die Eizelle nicht befruchtet, bildet sich der Gelbkörper zurück. (Syn.: Corpus luteum)

Gelenk: die Verbindungen zwischen Knochen und/oder knorpeligen Bestandteilen des Skeletts. Gelenke ermöglichen eine Bewegung. Es gibt ↑echte Gelenke und ↑unechte Gelenke.

Gewebe: Verbund von Zellen mit gleichen Aufgaben

Glaskörper: Bestandteil des Auges. Der Glaskörper füllt den Innenraum zwischen ↑Linse und ↑Netzhaut des Auges aus. Er ist aus einer transparenten gallertigen Masse aufgebaut und an der Lichtbrechung beteiligt.

Gliazelle: Zellart des Nervengewebes (↑Gewebe). Die Gliazellen versorgen, stützen und isolieren die Nervenzellen (isolierende Gliazellen sind die Myolinscheiden). (Syn.: Geleitzelle)

Glucose: ↑Kohlenhydrat. Glucose ist ein Einfachzucker. (Syn.: Traubenzucker für D-Glucose)

Glykolyse: Schritt der ↑inneren Atmung (Zellatmung). Bei der Glykolyse entstehen aus Glucose zwei Moleküle Pyruvat. Die Glykolyse findet im ↑Cytoplasma statt. Neben Pyruvat werden zwei ↑ATP und zwei ↑NADH+H$^+$ gebildet.

Golgi-Apparat: Organell einer eukaryotischen Zelle. Der Golgi-Apparat baut Stoffe des ↑endoplasmatischen Reticulums um, speichert diese und transportiert sie weiter. Der Golgi-Apparat ist aus Stapeln gefalteter Zellmembranen aufgebaut.

Großhirn: Teil des ↑Zentralnervensystems. Das Großhirn ist der Teil des Gehirns, der für das Gedächtnis sowie das Denken wichtig und das Zentrum des Bewusstseins ist.

Haarwurzel: Teil des Haares, der das Haar in der Haut fixiert

Hammer: Bestandteil des ↑Mittelohrs. Der Hammer ist eines der drei Gehörknöchelchen. Die Gehörknöchelchen übersetzen die Schwingungen des Trommelfells in Druckwellen der Lymphflüssigkeit, die sich in den Gängen der ↑Schnecke befindet.

Hämoglobin: roter Farbstoff, der sich in den ↑Erythrocyten befindet. An ihn bindet sich der Sauerstoff und löst sich bei Bedarf wieder.

haploid: einfacher Chromosomensatz (Opp.: ↑diploid)

Harnstoff: Molekül, das durch die Verbindung von einem Molekül Kohlenstoffdioxid (CO_2) mit zwei Molekülen Ammoniak (NH_3) entsteht. Die Harnstoffsynthese wird im Körper zur Entsorgung des beim Proteinstoffwechsel anfallenden giftigen Ammoniaks eingesetzt. (Syn.: CH_4N_2O)

Herzkammer: Hohlraum des Herzens. Die Herzkammern drücken/pressen das Blut in den Körper bzw. in die Lunge. Menschen haben wie alle Säugetiere und auch Vögel zwei vollständig getrennte Herzkammern (linke und rechte). (Syn.: Ventrikel)

Herzscheidewand: Wand, die das Herz in zwei Teile (rechte und linke Herzhälfte) teilt. Die Herzscheidewand besteht aus dem Vorhofseptum und dem Kammerseptum. (Syn.: Septum)

His-Bündel: Teil des Reizleitungssystems des Herzens. Das His-Bündel wir vom AV-Knoten erregt und leitet den Impuls durch die bindegewebige Ventilebene an die Tawara-Schenkel weiter.

Hoden: Teil der männlichen Geschlechtsorgane. Die beiden Hoden liegen im Hodensack außerhalb des Körpers, damit die Temperatur für die Spermien nicht zu hoch ist. In den Hoden werden Spermien wie auch die männlichen Geschlechtshormone (↑Androgene) gebildet.

Horizontalzelle: spezielle Nervenzelle der ↑Netzhaut. Horizontalzellen verschalten ↑Sehzellen. Sie ermöglichen bei unterschiedlichsten Lichtverhältnissen gute Kontraste.

Hormon: Botenstoff. Ein Hormon ist ein chemischer Stoff, der auf bestimmte Zellen und Organe des Körpers spezifisch einwirkt. Durch Bindung des Hormons an den passenden Rezeptor auf oder in einer Zelle kommt es zu einer Reaktion der Zelle. Es gibt drei chemische Stoffgruppen von Hormonen: 1. Steroidhormone, 2. Amine und Abkömmlinge von Aminosäuren, 3. Peptid- oder Proteinhormone.

Hormondrüse: Zelle oder Zellverband, welche/r ↑Hormone produziert und abgibt

Hornbildungsschicht: Teil der ↑Oberhaut. In der Hornschicht verhornen die Zellen, die in der ↑Regenerationsschicht durch Zellteilung entstehen und zur Hautoberfläche wandern. Verhornen bedeutet, dass sich die Zellen abflachen, Zellorganellen absterben und sich in der Zelle Keratin anreichert.

Hornhaut: Bestandteil des Auges. Vorderer transparenter Bereich der äußeren Augenhaut, die vor der ↑Regenbogenhaut und der Pupillenöffnung liegt. Die äußere Augenhaut setzt sich aus der Hornhaut und der ↑Lederhaut zusammen. Die Hornhaut ist an der Lichtbrechung beteiligt. (Syn.: Cornea)

Hornschicht: Teil der ↑Oberhaut. Die Hornschicht besteht aus verhornten Zellen, die in der ↑Hornbildungsschicht entstanden sind. Die Hornschicht ist eine Schutzschicht.

Hornschuppe: verhornte Zelle, die von der äußeren Hautschicht abgerieben wird

humorale Immunreaktion: ↑Immunreaktion, die durch Stoffe (nicht zellulär) ausgeübt wird.

Hydration: übermäßige Anreicherung von Wasser im Körper. Eine Hydration kann durch Nierenversagen oder eine verminderte Herzleistung verursacht werden. (Opp.: ↑Dehydration)

hydrophil: „wasserliebend"; wasserlöslicher (polarer) Teil eines chemisch heterogenen Moleküls

hydrophob: „wasserabweisend"; fettlöslicher (unpolarer) Teil eines chemisch heterogenen Moleküls

Hypophyse: Teil des ↑endokrinen Systems. Die Hypophyse ist ein Bestandteil des ↑Zwischenhirns und unterliegt der Steuerung durch den ↑Hypothalamus. Es gibt einen ↑Hypophysenvorderlappen (Adenohypophyse) und einen ↑Hypophysenhinterlappen (Neurohypophyse). Beide Teile geben ↑Hormone in den Körper ab.

Hypophysenhinterlappen: Teil der ↑Hypophyse. Der Hypophysenhinterlappen enthält ↑Hormone (↑ADH, Oxytocin), die im ↑Hypothalamus produziert wurden. Wird der Hypophysenhinterlappen vom Hypothalamus über Nervenimpulse angeregt, werden die entsprechenden Hormone abgegeben. (Syn.: Neurohypophyse, HHL)

Hypophysenvorderlappen: Teil der ↑Hypophyse. Der Hypophysenvorderlappen bildet ↑Hormone, die andere Hormondrüsen steuern und Hormone die direkt ↑Erfolgsorgane ansprechen. Die Abgabe dieser Hormone wird vom ↑Hypothalamus durch ↑Steuerhormone reguliert. (Syn.: Adenohypophyse, HVL)

Hypothalamus: Teil des ↑endokrinen Systems. Der Hypothalamus ist ein Bestandteil des ↑Zwischenhirns. Er steuert mithilfe von ↑Steuerhormonen einen großen Teil der Hormonsekretion im Körper.

Immunreaktion: Abwehrreaktion des Körpers gegen Krankheitserreger. Die Reaktion kann zellulär (↑zelluläre Immunreaktion) oder humoral (↑humorale Immunreaktion) sein.

Impuls: Information, die in Form von kurzzeitigen, sich fortbewegenden Ladungsveränderungen an der Zellmembran (↑Aktionspotenziale) und durch Transmitter über Nervenzellen transportiert wird

Innenohr: Teil des Ohrs, der sich dem ↑Mittelohr anschließt. Das Innenohr setzt sich grob aus den ↑Bogengängen und der ↑Schnecke zusammen.

innere Atmung: oxidativer Abbau der Nährstoffe in den Zellen durch biochemische Prozesse, bei dem Kohlenstoffdioxid (CO_2) und ↑ATP entsteht und Sauerstoff (O_2) verbraucht wird. Zur inneren Atmung gehören ↑Glykolyse, ↑oxidative Decarboxylierung, ↑Citronensäurezyklus, ↑Atmungskette, der Abbau von Fettsäuren in der ↑β-Oxidation und der Abbau

von Aminosäuren in der ↑oxidativen Desaminierung. (Syn.: Zellatmung)

Inselorgan: Teil der Bauchspeicheldrüse. Das Inselorgan setzt sich aus vielen kleinen Zellverbänden (Inseln) zusammen, deren Funktion die Produktion und Freisetzung von Insulin und Glukagon ist. (Syn.: Langerhans-Inseln)

Inspiration: Einatmung

Interleukin: Peptidhormon. Es gibt unterschiedliche Interleukine. Interleukine werden von Zellen des Immunsystems zur Kommunikation verwendet.

interstitieller Raum: ↑Interstitium

Interstitium: Raum zwischen den Zellen, ↑Geweben oder Organen

intrazellulärer Raum: Raum innerhalb der Zelle (Opp.: ↑extrazellulärer Raum)

inverses Auge: Auge, bei dem die ableitenden Neuronen in Bezug auf den Lichteinfall vor den ↑Sehzellen liegen. Die Lichtstrahlen müssen also zuerst die Neuronen passieren, bevor sie auf die Sehzellen fallen. (Opp.: everses Auge)

Ion: elektrisch geladenes Atom oder Molekül (kann negativ oder positiv geladen sein)

Iris: ↑Regenbogenhaut

Kanäle: ↑Tunnelprotein

Kapillare: sehr kleines Blutgefäß, das sich zwischen den ↑Venolen und ↑Arteriolen befindet. Die Wand der Kapillaren ist mit Poren versehen, durch die Stoffe aus dem Blut ins Gewebe und umgekehrt aus dem Gewebe ins Blut gelangen können (Stoffaustausch).

Kation: elektrisch positiv geladenes Ion (Atom oder Molekül) (Opp.: ↑Anion)

Keratin: Sammelbegriff für unterschiedliche Faserproteine

Kleinhirn: Teil des ↑Zentralnervensystems. Im Kleinhirn werden unbewusste Körperbewegungen und das Gleichgewicht koordiniert.

Kohlenhydrate: Nährstoffgruppe. Kohlenhydrate bestehen aus Wasserstoff (H), Kohlenstoff (C) und Sauerstoff (O). Alle „Zucker" und die hauptsächlichen Ballaststoffe gehören zu den Kohlenhydraten.

Kohlensäure: H_2CO_3. Kohlensäure entsteht durch die Reaktion von Kohlenstoffdioxid (CO_2) mit Wasser (H_2O).

kolloidosmotischer Druck: ↑osmotischer Druck, der durch die Kolloide (Teilchen, die im Medium verteilt sind) einer Lösung entsteht. Im Blut des Menschen sind dies Proteine, die die Kapillarwand nicht durchdringen können.

Körperkreislauf: Blutkreislauf, der in der linken Herzkammer beginnt und über die Aorta in den Körper und von dort über die Venen in den rechten ↑Vorhof verläuft (Syn.: großer Kreislauf)

Kugelgelenk: ↑echtes Gelenk, das aus einer Gelengkugel und einer Gelenkpfanne besteht. Das Kugelgelenk ermöglicht kreisende und beugende Bewegungen (z. B. Hüftgelenk).

Lederhaut [Auge]: Bestandteil des Auges. Die Lederhaut ist ein Teil der äußeren Augenhaut. Die äußere Augenhaut setzt sich aus der ↑Hornhaut und der Lederhaut zusammen. Die Lederhaut umschließt den Augapfel und schützt das Auge. (Syn.: Sclera)

Lederhaut [Haut]: Teil der Haut. Zur Lederhaut gehören die ↑Papillarschicht und die ↑Geflechtschicht. Die Lederhaut liegt zwischen ↑Ober- und ↑Unterhaut. (Syn.: Dermis)

Leukocyt: Blutzelle. Sammelbegriff für Zellen des Immunsystems. ↑Lymphocyten, Monocyten und Granulocyten sind Leukocyten. (Syn.: weißes Blutkörperchen)

LH: ↑Hormon, das in den Gonaden (Keimdrüsen) die Abgabe von ↑Androgenen bzw. ↑Östrogenen stimuliert. LH wird vom ↑Hypophysenvorderlappen (Adenohypophyse) ins Blut abgegeben. (Syn.: luteinisierendes Hormon)

Linse: Bestandteil des Auges. Die Linse bündelt das Licht (Lichtbrechung) und ermöglicht das Entstehen eines scharfen Bildes auf der ↑Netzhaut. Die Linse des menschlichen Auges ist elastisch, was bei der ↑Akkommodation ausgenutzt wird. Die Grundform ist kugelförmig.

Linsenbänder: Bestandteile des Auges. Linsenbänder verbinden die ↑Linse mit dem ↑Ringmuskel. Die Linse ist an den Linsenbändern aufgehängt. Die Linsenbänder sind zugfest, was die Vorgänge bei der ↑Akkommodation ermöglicht. (Syn.: Linsenfaser, Zonulafaser)

Lipide: Sammelbezeichnung von Stoffen, die sich nicht oder nur schlecht in Wasser lösen (Fette und fettähnliche Stoffe). Zu den Lipiden gehören u. a. Wachse, feste Fette, Öle, Steroide und ↑Phospholipide. (Syn.: Fette; der Begriff wird oft verwendet, ist eigentlich aber nicht korrekt, da Fette die Sammelbezeichnung für Triglyceride ist, die eine Untergruppe der Lipide darstellen)

Lungenarterie: Blutgefäß (arteriell). Die Lungenarterie entspringt der rechten Herzkammer und transportiert sauerstoffarmes Blut in die Lunge.

Lungenkreislauf: Blutkreislauf, der in der rechten ↑Herzkammer beginnt und über die ↑Lungenarterie in die Lungenkapillaren und von dort über die ↑Lungenvenen in den linken ↑Vorhof verläuft (Syn.: kleiner Kreislauf)

Lungenvene: Blutgefäß (venös). Die Lungenvenen führen sauerstoffreiches Blut aus der Lunge zum linken ↑Vorhof.

Lymphe [Körper]: Flüssigkeit des Zwischenzellraums (↑Interstitium), die durch ↑Filtration des Blutes entsteht und über das Lymphsystem ins Blut-Kreislauf-System rücktransportiert wird

Lymphe [Ohr]: Flüssigkeit im Ohr. Die ↑Schnecke ist mit Endolymphe, der Schneckengang mit Perilymphe gefüllt. Perilymphe ist der Körperlymphe sehr ähnlich, wohingegen die Endolymphe reich an Kalium ist.

Lymphgefäß: Teil des Lymphsystems. In den Lymphgefäßen wird die Lymphe transportiert. Sie haben wie die Venen Klappen, die ein Zurückfließen der Lymphe verhindern. Zusätzlich kontrahieren sich die Lymphgefäße rhythmisch, wodurch die Lymphe im Fluss gehalten wird.

Lymphkapillare: Teil des Lymphsystems. Die Lymphkapillaren sind die Anfangsgefäße des Lymphsystems, über die die Lymphe aus dem Gewebezwischenraum (↑Interstitium) aufgenommen wird.

Lymphknoten: Teil des Lymphsystems. Lymphknoten sind bohnenförmige Gebilde, durch die die Lymphe fließt und in denen sie gereinigt wird. In den Lymphknoten befinden sich ↑Lymphocyten.

Lymphocyt: Zelle des Immunsystems, die sich in den lymphatischen Organen vermehrt und differenziert. Zu den Lymphocyten gehören ↑T-Lymphocyten, ↑B-Lymphocyten und ↑natürliche Killerzellen. Die Lymphocyten sind eine Teilgruppe der ↑Leukocyten.

Lysosom: Vesikel (Membranbläschen), das in der Zelle Fremdstoffe und abgestorbene Zellbestandteile abbaut

Makrophage: Immunzelle. Ein Makropage entsteht aus einem Monocyten. Makrophagen zerstören ↑Pathogene durch ↑Phagocytose.

Medulla oblongata: das Atemzentrum, in dem Atemfrequenz und Atemtiefe (Tiefe der Ein- und Ausatembewegung) gesteuert werden. Das Atemzentrum liegt zwischen dem Rückenmark und dem Gehirn. (Syn.: verlängertes Rückenmark, verlängertes Mark)

Meißner-Tastkörperchen: Sinnesrezeptor der Haut. Meißner-Tastkörperchen reagieren auf Druckveränderungen.

Melanin: dunkles Pigment, das sich in der Haut, ↑Netzhaut und in den Haaren befindet

Melanocyt: Pigmentzelle der Haut, die ↑Melanin produziert. Melanin absorbiert UV-Licht.

Membranpotenzial: unterschiedliche Ladung an der Außen- und Innenseite einer Zellmembran durch eine ungleiche Verteilung von Ionen auf beiden Seiten. Im Inneren der Zelle befinden sich mehr negative Ionen (↑Anionen) im Vergleich zur Außenumgebung der Zelle. Hierdurch liegt eine elektrische Spannung an der Zellmembran vor. (Syn.: Ruhepotenzial)

Menstruationszyklus: monatlicher Zyklus in der ↑Gebärmutter, bei dem sich die ↑Gebärmutterschleimhaut auf- und, wenn keine Einnistung einer befruchteten Eizelle erfolgt, wieder abbaut. Durch den Abbau und die dadurch erfolgende Abstoßung von Schleimhautgewebe und Flüssigkeit kommt es zur Regelblutung. (Syn.: Uteruszyklus)

Merkel-Tastkörperchen: Sinnesrezeptor der Haut. Merkel-Tastkörperchen messen den einwirkenden Druck.

Micellen: Gebilde aus amphiphilen Molekülen, die sich in einem flüssigen Medium spontan aneinanderlagern. Amphiphile Moleküle sind Moleküle, die einen hydrophoben (wasserliebenden) und auch hydrophilen (wasserabweisenden) Anteil haben. Bei der Micellenbildung in einem wässrigen Medium richtet sich der hydrophile Teil der Moleküle zum umgebenden Medium hin aus, während der hydrophobe Bereich nach innen weist. Hierdurch entsteht ein kugel- oder stäbchenförmiges Gebilde. Die Micellen haben einen Durchmesser von wenigen Nanometern und sind im Medium fein verteilt. In organischen Lösungsmitteln könnten sich auch Micellen bilden, bei denen der hydrophobe Anteil nach außen weist und der hydrophile nach innen.

Milchbrustgang: Teil des Lymphsystems. Hauptlymphgang, der die Lymphe aus dem Unterkörper zum linken Venenwinkel transportiert.

Mitochondrium: Organell einer eukaryotischen Zelle. Im Mitochondrium reagieren Elektronen und Wasserstoffionen (H⁺) mit Sauerstoff (O). Die hierbei freiwerdende Energie wird in der Bindung von ADP mit P$_i$ gespeichert und für den Körper in Form von ↑ATP verfügbar gemacht (↑Atmungskette). Das Mitochondrium wird oft als Kraftwerk der Zelle bezeichnet.

Mittelhirn: Teil des ↑Zentralnervensystems. Im Mittelhirn wird die Bewusstseinslage gesteuert.

Mittelohr: Teil des Ohrs, der zwischen dem ↑Trommelfell und den Fenstern (rundes und ovales) der ↑Schnecke liegt

Monosaccharid: ↑Kohlenhydrat. Es gibt unterschiedliche Monosaccharide. Beispiele sind Glucose, Fructose, Ribose. (Syn.: Einfachzucker)

Motoneuron: ↑efferentes Neuron

motorische Endplatte: ↑Synapse zwischen ↑Muskelfaser und ↑Neuron. Durch die Freisetzung von ↑Transmittern (Acetylcholin) in die motorische Endplatte kommt es zum ↑Aktionspotenzial an der Muskelfaser und dadurch zur Muskelkontraktion.

Muskelfaser: Muskelzelle der quergestreiften Muskulatur. Eine Muskelfaser hat viele Zellkerne, da sie aus der Verschmelzung von vielen Vorläuferzellen entsteht.

Muskelgewebe: Verband von Zellen der glatten, quergestreiften oder Herzmuskulatur (↑Gewebe).

Myosin: Struktur der ↑Muskelfaser. Bei der Muskelkontraktion schieben sich ↑Actin und Myosin übereinander; hierbei ist das Myosin der antreibende Teil. Durch die Formänderung der Myosinköpfe werden die Actinfilamente über die Myosinfilamente gezogen. Außerdem ist Myosin bei allen eukaryotischen Zellen ein Bestandteil des Cytoskeletts und am intrazellulären Transport und an der Zellbewegung beteiligt.

NAD⁺/NADH+H⁺: Elektronen und Wasserstoffionenüberträger (Molekül). NAD⁺ kann bei der Oxidation der Nährstoffe zwei Elektronen und Wasserstoffionen (H⁺) aufnehmen. Die Elektronen und Wasserstoffionen werden innerhalb der Reaktionen der ↑Atmungskette mit Sauerstoff (O) zusammengeführt, was zur Energiegewinnung führt.

Natrium-Kalium-Pumpe: ↑Carrier (Transportprotein), das Natrium aus der Zelle und Kalium in die Zelle transportiert. Die Natrium-Kalium-Pumpe hält das ↑Membranpotenzial aufrecht bzw. stellt es wieder her.

natürliche Killerzelle: Immunzelle. Natürliche Killerzellen eliminieren befallene oder entartete Zellen, indem sie den Zelltod auslösen.

Nebenhoden: Teil der männlichen Geschlechtsorgane. Auf jedem ↑Hoden sitzt ein Nebenhoden. In den Nebenhoden reifen und lagern die im Hoden gebildeten Spermien.

Nebenniere: ↑Hormondrüse, die sich auf dem oberen Pol jeder Niere befindet. Wichtige Hormone der Nebenniere sind Adrenalin, Noradrenalin und Aldosteron.

Nebenschilddrüse: ↑Hormondrüse, die sich an der ↑Schilddrüse befindet. Insgesamt gibt es vier Nebenschilddrüsen (zwei pro Schilddrüsenlappen). Das Hormon der Nebenschilddrüse ist das Parathormon.

negative Rückkopplung: Steuerung der Hormonproduktion/-abgabe durch Messung der Hormonkonzentration im Blut. Ist die Konzentration hoch, wird die Hormonabgabe gedrosselt. (Opp.: ↑positive Rückkopplung)

Nephron: kleinste funktionelle Einheit der Niere. Ein Nephron besteht grob aus der Bowman-Kapsel, dem Glomerulum, einem Tubulussystem (feine Röhrchen) und dem Sammelrohr. In die Bowman-Kapsel wird der ↑Primärharn durch ↑Filtration des Blutes aus dem Glomerulum abgegeben. Der Harn fließt über das Tubulussystem, in dem viele Stoffe rückresorbiert werden, zum Sammelrohr, das den Harn über den Nierenkelch in das Nierenbecken leitet.

Nerven: Bündel von Nervenfasern

Nervengewebe: Verband aus ↑Gliazellen (Geleitzellen) und Neuronen (Nervenzellen) (↑Gewebe, Gliazelle, Neuron)

Netzhaut: Bestandteil des Auges. Die Netzhaut liegt auf der ↑Aderhaut. Zum Augeninneren hin schließt sich der ↑Glaskörper an. Auf die Netzhaut wird das Bild von Objekten projiziert, die das Auge fixiert. In der Netzhaut befinden sich die ↑Sehzellen, die bei Reizung durch Licht eine Information an das Gehirn leiten. (Syn.: Retina)

Neurohypophyse: ↑Hypophysenhinterlappen

Neuron: Nervenzelle

obere Luftwege: Nase, Mundhöhle, Rachenraum, Kehlkopf

Oberhaut: Teil der Haut. Zur Oberhaut gehören die ↑Hornschicht, die ↑Hornbildungsschicht und die ↑Regenerationsschicht. Die Oberhaut bildet mit ihren Schichten die äußere Hautstruktur. (Syn.: Epidermis)

Ödem: Flüssigkeitsansammlung im ↑interstitiellen Raum (Zwischenzellräume), durch die es zu einer Schwellung kommt

Ohrmuschel: Bestandteil des ↑Außenohrs. Die Ohrmuschel ist der von außen sichtbare Teil des Ohrs. Die Muschel fängt, wie ein Trichter, die Schallwellen ein.

Ohrtrompete: Bestandteil des ↑Mittelohrs. Die Ohrtrompete verbindet das Mittelohr mit dem Nasen-Rachen-Raum. Über die Ohrtrompete kann der Luftdruck des Mittelohrs an den der Umwelt angeglichen werden. (Syn.: eustachische Röhre)

Osmolarität: Konzentration von osmotisch wirksamen Teilchen in einer Lösung pro Volumeneinheit (↑Osmose)

Osmose: Diffusion eines Teilchens durch eine ↑semipermeable Membran. Trennt die Membran zwei unterschiedlich konzentrierte Lösungen eines Stoffes, dann wird das Lösungsmittel, für das die Membran permeabel ist (in biologischen Systemen Wasser), entlang seines Konzentrationsgradienten von der verdünnten in die weniger verdünnte Lösung diffundieren, bis die Konzentration ausgeglichen ist.

osmotischer Druck: Kraft die das Lösungsmittel einer Lösung durch eine ↑semipermeable Membran zieht. Die Kraft (der Druck) wird von den Teilchen der Lösung auf der jeweils anderen Seite ausgelöst. Es wird immer das Lösungsmittel der

Lösungen mit dem kleineren osmotischen Druck zur Seite der Lösung mit dem höheren osmotischen Druck gezogen.

Östrogene: weibliche Geschlechtshormone (↑Hormon). Es gibt drei unterschiedliche Hormone, die zu den Östrogenen gehören: Östradiol, Östron, Östriol. Östrogene werden in den Keimdrüsen (hauptsächlich ↑Eierstock und ↑Gelbkörper) produziert. Sie sorgen für die Ausbildung und Erhaltung der sekundären weiblichen Geschlechtsmerkmale (Brust, Milchdrüsen, Gebärmutter), sind an der Steuerung des ↑Menstruationszyklus beteiligt und auch bei der Schwangerschaft bedeutend. Östrogene werden auch im männlichen Körper gebildet und wirken hier u. a. auf den Fettstoffwechsel ein.

ovales Fenster: Bestandteil des ↑Innenohrs. Das ovale Fenster ist mit dem ↑Steigbügel verbunden. Durch die mechanischen Bewegungen der Gehörknöchelchen (↑Hammer, ↑Amboss, ↑Steigbügel) wird das ovale Fenster bewegt und die mechanischen Bewegungen auf die Lymphe, die sich hinter dem ovalen Fenster befindet, übertragen.

Ovarialzyklus: Zyklus, bei dem ein ↑Follikel heranreift, danach eine Eizelle abgegeben wird, ein ↑Gelbkörper entsteht und wieder verkümmert, falls die Eizelle nicht befruchtet wurde.

Ovarien: ↑Eierstöcke

oxidative Decarboxylierung: Schritt der ↑inneren Atmung (Zellatmung). Bei der oxidative Decarboxylierung wird ↑Pyruvat ein Kohlenstoffatom entfernt. Es entstehen ↑Acetyl-CoA und NADH+H⁺. Die Decarboxylierung findet in den ↑Mitochondrien statt.

oxidative Desaminierung: Schritt der ↑inneren Atmung (Zellatmung). Bei der oxidativen Desaminierung wird von einer Aminosäure die Aminogruppe entfernt.

Papillarschicht: Teil der Haut (Teil der ↑Lederhaut). Die Papillarschicht verankert die Lederhaut mit der ↑Oberhaut.

Parasympathicus: Teil des ↑vegetativen Nervensystems. Das Parasympathicussystem stellt den Körper auf Erholung ein. Beispielsweise werden die Verdauungstätigkeit erhöht und die Herzfrequenz verlangsamt. (Opp.: ↑Sympathicus)

Partialdruck: Druck (Ausbreitungsbestreben) eines Gases innerhalb eines Gasgemisches. Alle Partialdrücke der Gase im Gasgemisch ergeben aufsummiert den Gesamtdruck des Gasgemisches.

passiver Transport: Transportvorgang von Molekülen in die Zelle hinein oder aus ihr heraus, welcher nicht mit Energieaufwendung verbunden ist. (Opp.: ↑aktiver Transport)

Pathogen: Krankheitserreger

Paukenhöhle: Bestandteil des ↑Mittelohrs. Die Paukenhöhle ist ein Hohlraum, in dem sich die Gehörknöchelchen (↑Hammer, ↑Amboss, ↑Steigbügel) befinden.

Paukentreppe: Bestandteil des ↑Innenohrs; Teil der ↑Schnecke. Die Paukentreppe leitet die Druckwelle in der Lymphflüssigkeit zum ↑runden Fenster, wo sich die Lymphe durch Auslenkung des Fensters wieder beruhigen kann. (Syn.: Scala tympani)

Peptid: Eiweiß. Ein Peptid ist eine Aminosäurekette, die aus bis zu 100 ↑Aminosäuren besteht. Man kann ein Peptid als kleines ↑Protein bezeichnen.

Perforin: Stoff, der von ↑↑T-Killerzellen oder ↑natürlichen Killerzellen abgegeben wird und die Zellmembran von befallenen Körperzellen durchlöchert. Hierdurch können Stoffe (Granzyme) in die Zelle eindringen, die zum Zelltod führen.

peripheres Nervensystem: besteht aus afferenten und efferenten Nerven (↑Neuronen). Es leitet Impulse (Informationen) von den Sinnesorganen zum ↑Zentralnervensystem (über ↑afferente Neuronen) und Impulse (Befehle) vom Zentralnervensystem zu den ausführenden Organen (über ↑efferente Neuronen).

Phagocytose: Endocytose von Zellen oder Zellbestandteilen (↑Endocytose, ↑Pinocytose)

Phospholipid: ↑Diglyceride, an denen noch eine Phosphorsäure angebunden ist. Phospholipide sind ein Hauptbestandteil der Zellmembran. Ein Phospholipid hat einen hydrophoben und einen hydrophilen Anteil.

Phospholipiddoppelschicht: Teil der Zellmembran (macht den größten Teil aus). Die Phospholipiddoppelschicht besteht aus sich gegenüberliegenden ↑Phospholipiden, wobei die hydrophoben Anteile nach innen gerichtet sind und die hydrophilen Anteile nach außen. Die Zellmembran enthält zusätzlich Proteine (↑Carrier, ↑Tunnelproteine).

Photorezeptor: ↑Sehzelle

Pigmentepithel: Bestandteil der ↑Netzhaut; hintere Schicht der Netzhaut. Die Pigmentschicht enthält Pigmente (vor allem ↑Melanin). Die Pigmente absorbieren Lichtstrahlen, die nicht auf eine ↑Sehzelle treffen. Die Pigmente können auch zwischen die Sehzellen geschoben werden, um das Auge an extreme Helligkeit anzupassen.

Pinocytose: Endocytose von Flüssigkeiten (↑Endocytose, ↑Phagocytose)

Plasmazelle: Immunzelle. Plasmazellen entstehen aus ↑B-Lymphocyten und produzieren ↑Antikörper.

Polysaccharid: ↑Kohlenhydrat. Ein Polysaccharid ist ein Mehrfachzucker, der aus vielen ↑Monosacchariden (Einfachzuckern) zusammengesetzt ist.

Polyspermie: Eindringen von mehreren Spermien in die Eizelle

positive Rückkopplung: Steuerung der Hormonproduktion/-abgabe durch Messung des Bedarfs. Ist der Bedarf (z. B. vermittelt durch einen Reiz) vorhanden, wird das ↑Hormon freigesetzt.

Primärharn: ↑Filtration des Blutes in die Bowman-Kapsel (Teil des ↑Nephrons). Die Zusammensetzung des Primärharns verändert sich beim Durchströmen des Nephrons nach und nach. Was wir als Harn abgeben, ist der ↑Sekundärharn.

Progesteron: weibliches Geschlechtshormon (↑Hormon). Progesteron sorgt u. a. dafür, dass sich die ↑Gebärmutterschleimhaut verdickt.

Proportionalsensor: Sinnesrezeptor, der den bestehenden Zustand registriert (Opp.: ↑Differenzialsensor)

Prostata: ↑Vorsteherdrüse

Protein: Eiweiß. Ein Protein ist eine Aminosäurekette, die 100 oder mehr ↑Aminosäuren enthält.

Pupille: Bestandteil des Auges; Öffnung der ↑Regenbogenhaut. Durch die Pupille kann Licht ins Auge fallen.

Purkinje-Fasern: Teil des Reizleitungssystems des Herzens. Die Purkinje-Fasern leiten den Impuls an die Herzmuskelzellen weiter, die dann über ↑Gap junctions einen Impuls auf benachbarte Zellen übertragen und sich kontrahieren.

Pyruvat: Molekül, das bei der ↑Glykolyse aus ↑Glucose entsteht. Aus einem Molekül Glucose werden zwei Moleküle Pyruvat gebildet. Pyruvat wird zur Energiegewinnung vollständig oxidiert.

Reabsorption: Wiederaufnahme eines Teils des ↑Filtrats in die venennahen Bereiche der ↑Kapillaren. Die Reabsorption wird durch den ↑kolloidosmotischen Druck ermöglicht.

Reflex: unwillkürliche und schnelle Reaktion des Körpers. Reflexreaktionen werden im ↑Rückenmark generiert und dienen meist dem Schutz des Körpers.

Regenbogenhaut: Bestandteil des Auges. Die Regenbogenhaut liegt vor der ↑Linse. Durch eine ringförmige und eine speichenartige Muskulatur kann der Durchmesser der kreisförmigen Öffnung (Pupillenöffnung) im Zentrum der Regenbogenhaut verändert werden. Dadurch wird die Menge des ins Auge fallenden Lichtes reguliert (↑Adaptation). Die Regenbogenhaut ist die ↑Blende des Auges. (Syn.: Iris)

Regenerationsschicht: Teil der Haut (Teil der ↑Oberhaut). In der Regenerationsschicht vermehren sich durch Zellteilung Zellen, die später in der ↑Hornbildungsschicht zu Hornzellen umgebaut werden.

Retina: ↑Netzhaut

Ribosom: Zellorganell, an dem die Proteinbiosynthese (Translation) stattfindet

Ringmuskel: Bestandteil des Auges. Der Ringmuskel liegt hinter der ↑Regenbogenhaut. An ihm sind die ↑Linsenbänder befestigt und an den Linsenbändern wiederum die Linse. Durch Kontraktion des Ringmuskels wird der Zug auf die Linsenbänder verringert, wodurch sich die Form der Linse verändert, sie rundet sich ab. Erschlafft die Muskulatur, wird Zug auf die Linse ausgeübt und die Linse wird flacher (↑Akkommodation). (Syn.: Ciliarmuskel)

rotes Knochenmark: Teil des Knochenmarks. Im roten Knochenmark befinden sich die Stammzellen, aus denen sich die Blutzellen entwickeln.

Rückenmark: Teil des ↑Zentralnervensystems. Das Rückenmark verläuft im Wirbelkanal der Wirbelsäule. Die Nerven des Rückenmarks transportieren Informationen der ↑afferenten Neuronen ins Gehirn und Impulse vom Gehirn zu den ↑efferenten Neuronen. Im Rückenmark werden zudem Reflexreaktionen (↑Reflex) generiert.

Ruffini-Kolben: Sinnesrezeptoren der Haut. Ruffini-Kolben messen die Spannung in der ↑Lederhaut.

rundes Fenster: Bestandteil des ↑Innenohrs. Das runde Fenster befindet sich zwischen der ↑Schnecke und der ↑Paukenhöhle und ist eine mit einer Membran überdeckte Knochenöffnung. Das runde Fenster sorgt für einen Druckausgleich in der Schnecke. (Syn.: Schneckenfenster)

Saccharose: ↑Kohlenhydrat. Saccharose ist ein ↑Disaccharid (Zweifachzucker) aus Glucose und Fructose. Saccharose ist unser Speisezucker („Zucker").

Sacculus: Bestandteil des ↑Innenohrs. Der Sacculus ist das kleinere der beiden ↑Vorhofsäckchen. (Syn.: kleines Vorhofsäckchen)

Samenleiter: Teil der männlichen Geschlechtsorgane. Jeder der beiden Samenleiter verbindet einen ↑Nebenhoden mit der Harnröhre. Über die Samenleiter werden die Spermien transportiert. Diese werden auf ihrem Weg durch die Zugabe von Sekreten aus den ↑Bläschendrüsen und der ↑Prostata zum ↑Sperma vermischt und in die Harnröhre gespritzt.

Sarkomer: funktionelle Einheit einer ↑Muskelfaser (quergestreifte Muskulatur), bestehend aus Actin- und Myosinfilamenten (↑Actin, ↑Myosin). Ein Sarkomer beginnt und endet mit einer ↑Z-Scheibe. An der Z-Scheibe sind die Actinfilamente befestigt. Die Z-Scheiben verbinden die Sarkomere zu einer gesamten Einheit.

Sattelgelenk: ↑echtes Gelenk, das aus zwei y-förmigen Gelenkteilen besteht, die mit ihrer y-Öffnung ineinandergreifen. Das Sattelgelenk lässt Beugungen in vier Richtungen und eine unechte Kreisbewegung zu (z. B. Daumensattelgelenk).

Schallwelle: Schwingung von Luftmolekülen, die von einer Geräuschquelle ausgelöst wird

Scharniergelenk: ↑echtes Gelenk, das eine Beugebewegung zulässt (z. B. Ellenbogengelenk)

Schilddrüse: ↑Hormondrüse. Die Schilddrüse sitzt vorne am Hals unterhalb des Kehlkopfes. Die Schilddrüse ist ein paariges Organ mit der Form eines Schmetterlings. Hormone der Schilddrüse sind Calcitonin, Thyroxin, Trijodthyronin.

Schnecke: Bestandteil des ↑Innenohrs. Die Schnecke enthält drei Gänge: ↑Paukentreppe, ↑Schneckengang, ↑Vorhoftreppe. (Syn.: Cochlea)

Schneckengang: Bestandteil des ↑Innenohrs; Teil der ↑Schnecke. Im Schneckengang befindet sich das ↑Corti-Organ, das die Druckwellen der Lymphflüssigkeit in elektrische Impulse umwandelt. (Syn.: Ductus cochlearis)

Segelklappe: Herzklappe, die zwischen einem ↑Vorhof und einer ↑Herzkammer liegt. Die Segelklappen schließen sich bei der Austreibungsphase des Herzens und verhindern das Zurückfließen des Blutes in die Vorhöfe. Zwischen dem rechten Vorhof und der rechten Herzkammer liegt die Trikuspidalklappe, zwischen dem linken Vorhof und der linken Herzkammer liegt die Bikuspidalklappe (Mitralklappe).

Sehgrube: Bestandteil der Netzhaut; Zentrum des ↑gelben Flecks (Syn.: Fovea centralis)

Sehne: zugfeste, meist strangförmige Struktur (hauptsächlich Kollagen), die den Muskel mit dem Knochen verbindet

Sehnerv: Bestandteil des Auges. Der Sehnerv leitet die Impulse der ↑Sehzellen ins Gehirn. (Syn.: Nervus opticus)

Sehsinneszelle: ↑Sehzelle

Sehzelle: Bestandteil der ↑Netzhaut. Die Sehzellen wandeln Lichtenergie in elektrische Impulse um, die über Nerven zum Gehirn weitergeleitet werden. Es gibt zwei Grundtypen von Sehzellen: ↑Zapfen und ↑Stäbchen. (Syn.: Sehsinneszelle, Photorezeptor)

Sekundärharn: Harn, der in der Niere aus dem ↑Primärharn gebildet wird. Der Sekundärharn ist die Flüssigkeit, die wir als Harn abgeben.

semipermeable Membran: Membran (Haut), die für bestimmte Stoffe durchlässig ist

Sinneszelle: Zelle, die Informationen aus der Umwelt aufnimmt und in elektrische Impulse umwandelt, die dann über Nervenfasern ans Gehirn geleitet werden

Sinusknoten: Teil des Reizleitungssystems des Herzens. Der Sinusknoten ist der Schrittmacher des Herzens. Von ihm geht die Impulsgebung zur Kontraktion aus (60–70 Schläge pro Minute).

Sperma: Flüssigkeit, die sich aus den Spermien (männliche Keimzellen) und den Sekreten aus den ↑Bläschendrüsen und der ↑Prostata zusammensetzt (Syn.: Samenflüssigkeit, Ejakulat)

spezifische Reaktion: Reaktion des adaptiven (lernfähigen) Immunsystems

Stäbchen: Bestandteil der ↑Netzhaut. Stäbchen sind ↑Sehzellen. Sie sind für das Sehen bei schwachem Licht (Nachtsehen oder Dämmerungssehen) zuständig. Bei starkem Licht ist das Sehpurpur der Stäbchen zerfallen und die Stäbchen sind inaktiv.

Stärke: ↑Kohlenhydrat. Stärke ist ein ↑Polysaccharid. Sie besteht aus der kettenförmigen Verbindung von vielen Glucosemolekülen (↑Glucose).

Steigbügel: Bestandteil des ↑Mittelohrs. Der Steigbügel ist eines der drei Gehörknöchelchen. Die Gehörknöchelchen übersetzen die Schwingungen des Trommelfells in Druckwellen in der Lymphflüssigkeit, die sich in den Gängen der ↑Schnecke befindet. Der Steigbügel ist mit dem ↑ovalen Fenster verbunden.

Steuerhormone: ↑Hormone, die die Hormonabgabe von ↑Hormondrüsen steuern. Die Steuerhormone des Hypothalamus regulieren die Abgabe der Hormone des ↑Hypophysenvorderlappens. Die Steuerhormone des Hypophysenvorderlappens stimulieren unterschiedliche Hormondrüsen.

Subcutis: ↑Unterhaut

Sympathicus: Teil des ↑vegetativen Nervensystems. Das Sympathicussystem stellt den Körper auf extreme Leistungsfähigkeit ein. Beispielsweise werden Herzschlag und Atemfrequenz erhöht. (Opp.: ↑Parasympathicus)

Synapse: Kontaktstelle einer Nervenzelle mit einer anderen Zelle (Nervenzelle, Muskelzelle, Drüse). Es gibt chemische und elektrische Synapsen. Bei chemischen Synapsen besteht die Kontaktstelle aus einem Endköpfchen des Neurons, der Membran der Folgezelle und einem Spalt (synaptischer Spalt) zwischen ihnen. Vom Endköpfchen werden ↑Transmitter in den synaptischen Spalt abgegeben, diese binden an Rezeptoren der Folgezelle, wodurch eine Reaktion in Gang gesetzt wird

(z. B. entsteht an der angesprochenen Nervenzelle ein elektrischer Impuls). Bei elektrischen Synapsen (↑Gap junctions) werden Ladungen (Ionen) von einer Zelle an eine andere weitergegeben.

Systole: Austreibungsphase. Die Herzkammern kontrahieren und pressen das Blut in die Arterien (Aorta und Pulmonalarterie). (Opp.: ↑Diastole)

Talgdrüse: fettproduzierende Drüse. Talgdrüsen kommen am Körper meist mit Haaren zusammen vor. Der abgegebene Talg schützt die Haut vor Austrocknung.

Taschenklappe: Herzklappe, die ein ableitendes Blutgefäß von der Herzkammer trennt. Bei der Austreibungsphase öffnen sich die Taschenklappen und das Blut fließt in die ableitenden Blutgefäße. Es gibt die Aortenklappe (linke Herzhälfte) und die Pulmonalklappe (rechte Herzhälfte).

Tawara-Schenkel: Teil des Reizleitungssystems des Herzens. Die beiden Tawara-Schenkel laufen an der Kammerscheidewand entlang und leiten den Impuls zur Herzspitze.

Testosteron: ↑Hormon. Testosteron ist ein Sexualhormon, das bei beiden Geschlechtern vorkommt. Es bestimmt die Entstehung des männlichen Phänotyps und ist auch für das Wachstum und die Spermienproduktion verantwortlich.

T-Helferzelle: Immunzelle. Aktivierte T-Helferzellen leiten die Umwandlung von ↑B-Lymphocyten zu ↑Plasmazellen ein. Plasmazellen bilden ↑Antikörper.

Thrombocyt: Blutzelle. Thrombocyten sind Blutkörperchen mit plättchenförmiger Gestalt, die eine wichtige Funktion bei der Blutgerinnung und Blutstillung haben. Thrombocyten sind kernlose Zellen, die nur wenige Zellorganellen enthalten. (Syn.: Blutplättchen)

Tight junctions: Zellverbindungen, die die Zwischenräume zwischen benachbarten Zellen für Stoffe undurchdringbar machen

T-Killerzelle: Immunzelle. Aktivierte T-Killerzellen zerstören von Viren befallene Körperzellen oder Tumorzellen.

T-Lymphocyt: Immunzelle. Ein T-Lymphocyt ist entweder eine ↑T-Helferzelle oder eine ↑T-Killerzelle.

Trachea: Eine aus Knorpelspangen und Ringbändern zusammengesetzte 10–12 cm lange Röhre (Durchmesser etwa 2 cm). Über die Trachea strömen die Einatemluft zur Lunge und die Ausatemluft in den Mund-Rachen-Raum. (Syn.: Luftröhre)

Tränendrüse: Erzeugt die abfließende Tränenflüssigkeit. Es gibt bei jedem Auge eine Tränendrüse, die in der Augenhöhle oberhalb des Auges auf der nasenabgewandten Seite liegt.

Tränenkanal: Leitet die abfließende Tränenflüssigkeit in den Tränennasengang. Der Tränennasengang mündet in die Nase.

Transaminierung: Vorgang, bei dem von einer ↑Aminosäure die Aminogruppe abgespalten wird und auf eine andere Säure, die dadurch zu einer Aminosäure wird, übertragen wird

Transmitter: Chemischer Stoff, der Informationen über den synaptischen Spalt (↑Synapse) auf eine Folgezelle überträgt. Der Transmitter bindet an einen passenden Rezeptor, wodurch eine Reaktion ausgelöst wird.

Triglycerid: Fettmolekül, das aus drei Fettsäuren und Glycerin zusammengesetzt ist. Triglyceride sind die Bausteine von natürlichen Ölen und Fetten

Trommelfell: Membran, die das ↑Außenohr vom ↑Mittelohr trennt. Das Trommelfell wird durch Schallwellen in Schwingung versetzt und überträgt diese Schwingungen auf die Gehörknöchelchen.

Tunnelprotein: Protein in der Zellmembran, das eine Öffnung hat, durch die spezifische Moleküle wandern können (Syn.: Kanal, Kanalprotein)

unechtes Gelenk: ↑Gelenk, bei dem die Skelettteile durch ein Füllgewebe (Knorpel, Bindegewebe) verbunden sind (Opp.: ↑echtes Gelenk)

unspezifische Reaktion: Reaktion des angeborenen Immunsystems

untere Atemwege: Luftröhre, ↑Bronchien, ↑Bronchiolen, ↑Alveolen

Unterhaut: Teil der Haut. Die Unterhaut ist ein fettreiches Bindegewebe. Sie bildet die unterste Hautschicht. (Syn.: Subcutis)

Uterus: ↑Gebärmutter

Utriculus: Bestandteil des ↑Innenohrs. Der Utriculus ist das größere der beiden ↑Vorhofsäckchen. (Syn.: großes Vorhofsäckchen)

UV-Licht: kurzwelliger energiereicher Anteil des Spektrallichts. UV-Strahlung ist in hoher Dosis schädlich, sie führt u. a. zur Tumorbildung.

Vater-Pacini-Lamellenkörperchen: Sinnesrezeptor der Haut. Vater-Pacini-Lamellenkörperchen registrieren Vibrationen.

vegetatives Nervensystem: Das vegetative Nervensystem reguliert die Vitalfunktionen des Körpers (lebenswichtige Funktionen). Es ist nicht unserem Willen unterworfen (es arbeitet unwillkürlich). Es gibt zwei Teilsysteme: den ↑Parasympathicus und den ↑Sympathicus. (Syn.: autonomes Nervensystem)

Vene: Blutgefäß (venös). Venen transportieren Blut aus dem Körper zum Herzen. Venen haben Venenklappen, die eine Fließrichtung (zum Herzen) festlegen.

Venole: Blutgefäß (venös). Das Blut aus den ↑Kapillaren fließt in die Venolen und von dort in die Venen.

Ventilation: Atmung.

verlängertes Mark: ↑Medulla oblongata

Vitamine: Nährstoffe, die von unserem Körper nicht synthetisiert werden können (essenzielle Nährstoffe). Vitamine erfüllen in unserem Körper unterschiedliche Funktionen. Sie sind z. B. ↑Coenzyme, ↑Enzyme oder Bestandteil von Körperstrukturen.

Vorhof: Kammer/Höhle des Herzens, in die das Blut aus den Hohlvenen bzw. den Lungenvenen fließt. Das Blut aus den Vorhöfen strömt in die Herzkammern. Menschen haben wie alle Säugetiere, Amphibien, Reptilien und Vögel zwei Vorhöfe (linker und rechter). (Syn.: Atrium)

Vorhofsäckchen: Bestandteil des ↑Innenohrs. Die Vorhofsäckchen nehmen die Lage des Körpers wahr. Es gibt in jedem Ohr zwei Vorhofsäckchen, das große (↑Utriculus) und das kleine (↑Sacculus). Beide haben Sinnesfelder. Das Sinnesfeld des Utriculus ist in Bezug zum Sinnesfeld des Sacculus um ca. 90° gedreht. Die Sinnesfelder bestehen aus Haarsinneszellen, über denen eine gallertige Membran liegt. Um die Dichte (Gewicht) dieser Membran noch zu erhöhen, sind Kalksteinchen eingelagert. Durch die Trägheit der Membran bleibt sie bei einer geradlinigen Beschleunigung des Kopfes bzw. Körpers ein wenig zurück, sodass die Sinneshaare ausgelenkt und die ↑Sinneszellen gereizt werden. Die alleine durch die Schwerkraft verursachte Auslenkung ist umso stärker, je stärker die Membran parallel zur Wirkung der Erdanziehung ausgerichtet ist.

Vorhoftreppe: Bestandteil des ↑Innenohrs; Teil der ↑Schnecke. Über die Vorhoftreppe wandern die Druckwellen in der Lymphe Richtung Schneckenspitze und durch die Paukentreppe wieder zurück Richtung rundes Fenster. Diese Wanderwellen im Schneckengang lenken die Basilarmembran (je nach Tonhöhe an einem anderen Ort) aus, sodass sich das Sinnesepithel mit den Haarsinneszellen gegen die Tektorialmembran lokal verschiebt, was zur Reizung der ↑Sinneszellen führt. (Syn.: Scala vestibuli)

Vorsteherdrüse: Teil der männlichen Geschlechtsorgane. Die Vorsteherdrüse produziert ein Sekret, das einen Teil des ↑Spermas bildet. Sie liegt unterhalb der Harnblase. (Syn.: Prostata)

Windkesselfunktion der Aorta: Während der Austreibungsphase des Herzens dehnt sich die elastische Wand der Aorta aus und zieht sich während der Füllungsphase des Herzens wieder zusammen. Dadurch findet ein andauernder Blutstrom im Blutgefäßsystem statt.

Zapfen: Bestandteil der ↑Netzhaut. Zapfen sind ↑Sehzellen. Sie sind für das Farbsehen und das Sehen bei Tag zuständig. Es gibt drei unterschiedliche Zapfenarten, die jeweils bei einer spezifischen Wellenläge des Lichts erregt werden: den Rotrezeptor, den Blaurezeptor und den Grünrezeptor.

Zellkern: Organell einer eukaryotischen Zelle. Im Zellkern befindet sich das Erbgut (Chromosomen). Er wird oft als Steuerzentrale der Zelle bezeichnet, da über die Regelung/Aktivierung der Proteinsynthese (Transkription und Translation) Vorgänge in der Zelle ausgelöst werden.

zelluläre Immunreaktion: ↑Immunreaktion, die von Zellen vermittelt wird (Opp.: ↑humorale Immunreaktion)

Zentralnervensystem: steuert unsere willkürliche Motorik. Es ist der Ort des bewussten und unbewussten Denkens. Zum Zentralnervensystem gehören das Gehirn und das Rückenmark. Das ↑periphere Nervensystem ist mit dem Zentralnervensystem verbunden. (Syn.: ZNS, zentrales Nervensystem)

Zirbeldrüse: Teil des ↑endokrinen Systems. Die Zirbeldrüse ist ein Bestandteil des ↑Zwischenhirns. Sie ist eine Hormondrüse und produziert das Hormon Melatonin, das den Schlaf-/Wachzustand und andere Rhythmen des Körpers steuert. (Syn.: Epiphyse)

Zona pellucida: Hülle der Eizelle, die von einem Spermium durchdrungen werden muss. Hat ein Spermium die Zona pellucida durchdrungen, verändert sich diese, um eine Verschmelzung mit weiteren Spermien zu verhindern.

Z-Scheibe: Struktur der ↑Muskelfaser. An der Z-Scheibe sind die Actinfilamente (↑Actin) verankert. Zwei Z-Scheiben begrenzen ein ↑Sarkomer.

Zwischenhirn: Teil des ↑Zentralnervensystems. Das Zwischenhirn steuert die inneren Bedingungen (z. B. den Wasserhaushalt). Es reguliert hierzu einen wesentlichen Teil der Hormonproduktion. Zum Zwischenhirn gehören u. a. die ↑Zirbeldrüse, der ↑Hypothalamus und die ↑Hypophyse.

Zygote: Zelle, die bei der Verschmelzung zweier ↑haploider Zellen (Eizelle und Spermium) entsteht

Stichwortverzeichnis

Printed by Books on Demand, Germany